기후 변화 다이내믹스:
기후 변화 도시 대응의 시 · 공간적 역동성

The Spatio-temporal Dynamics of Cities' Response to the Climate Change

최충익

도서출판 대영문화사

머리말

필자는 기후 변화에 대한 도시 대응의 역동성에 대한 담론을 통해 지구촌 인류와 도시가 직면한 기후 변화 대응이라는 과제에 대해 인문·사회과학적 해결책이 무엇인지 시간적·공간적 자원의 관점에서 접근하며 저술하고 있다.

기후 변화는 이미 국가와 지역, 그리고 도시 전반에 막대한 영향을 미치고 있으며, 일상생활 깊숙이 침투하여 정치, 경제, 사회, 문화 시스템과 아울러 삶의 패턴을 급속히 변화시키고 있다. 그럼에도 기존 기후 변화에 대한 대응은 주로 기술적 접근을 강조하며 자연과학적·공학적 대응 방법에 의존해 왔다. 인간의 삶이 주로 도시라는 공간에서 이루어지며, 정작 기후 변화로 인해 가장 큰 영향을 받고 있는 도시와 인간에 대한 논의는 충분히 성숙되지 못해 온 것이 현실이었다.

기후 변화 대응에 대한 기술적인 목표 수치에 가려 기후 변화에 대응하는 바람직한 인간 정주 환경을 제공하는 삶의 공간이 무엇인지, 도시가 어떻게 대응해 나가야 하는지, 도시 사람들의 삶은 어떠한지에 대한 인문학적 논의는 소홀히 다루어졌다. 결국 기후 변화로 인해 영향을 받는 도시와 인간 자체에 대한 진솔한 담론은 기술과 공학이라는 거대 포장 속에 파묻히는 비극을 맞게 된 셈이다. 기후 변화에 대한 기술적 대응에 더해 인문·사회과학적 담론이 무엇보다 필요했던 이유이다.

전 세계 도시들은 빠르게 성장하고 변화하며 각 국가에 존재하는 모든 자원을 집중시키는 역할을 했다. 이제 세계는 도시의 시대이며 도시의 경쟁력이 국가 경쟁력을 상징하는 시대가 되었다. 도시는 "긴장을 증대시키고 교환을 가속화하며 사람들의 삶을 끊임없이 섞는 변압기"라는 역사학자 페르낭 브로델(Fernand Braudel)의 표현은 도시가 지니고 있는 역동성을 잘 나타내 준다. 기후 변화에 대한 도시의 대응도 끊임없이 변화하고 있는 동태적 과정으로 이해할 수 있다.

이 책의 기후 변화 담론은 다음 세 가지 관점에서 그 의미를 파악할 수 있다.

첫째, 기후 변화라는 자연 현상을 이에 대응하는 도시와 인간에 초점을 맞추어 인문·사회과학적 관점에서 접근하여 학제간 소통을 증진시키려고 시도하고 있다. 기후 변화와 이에 대응하는 도시의 역동적인 움직임을 통해 무엇보다 자연과학과 인문학 및 사회과학과의 소통을 시도했다는 점에서 그 의미가 있다. 특히, 대다수 기존 연구들이 기술적이고 공학적인 접근에 집중한 나머지 정작 도시와 인간에 대한 진지한 고민은 부족한 한계를 극복하려고 시도한다. 이는 기후 변화에 대응하는 도시와 인간의 역동성에 관한 담론을 통해 학문 간 소통을 위한 새로운 시도로 파악될 수 있다.

둘째, 기후 변화와 관련한 인문·사회과학 연구를 자극하는 역할과 함께 후속 연구의 기초 자료를 마련하려고 시도하고 있다. 기후 변화에 대한 논의가 자연과학과 공학 위주의 틀을 넘어서 향후 도시와 인간에 대한 인문·사회과학적 담론을 유발하는 계기가 될 것으로 기대해 본다. 수천 수백 년 동안 수많은 자연환경의 위협을 극복하며 생존해 온 도시가 이제 새로운 위협 요소인 기후 변화에 대응하며 어떻게 생존해 나갈 것인지에 대한 담론은 향후 사회학적·경제학적으로도 연구의 가치가 높다. 기후 변화로 인해 발생하는 도시공간의 변화와 시민 삶의 변화에 대한 사회학적 접근과 함께 탄소배출권 시장을 둘러싼 전 세계 도시들의 총칼 없는 무역전쟁에 대한 경제학적 접근은 후속 연구의 확산을 위한 소망을 담고 있다.

셋째, 이 책에 사용될 방대한 양의 참고 문헌과 데이터는 앞으로 환경학 관련 교육자료로서 요긴하게 활용될 수 있다. 환경학이라는 학문은 공학적·자연과학적 기반을 토대로 형성되었지만 최근 인문학·사회과학적인 담론이 활발하게 진행되고 있는 분야이다. 하지만, 도시환경에 관한 기술적 결과는 많이 제시되어도 이와 함께 인문·사회과학적인 담론을 다루고 있는 서적은 많지 않은 것이 현실이다. 이 책은 자연과학과 공학 분야 연구 결과의 활용과 함께 인문·사회과학적 담론을 추가함으로써 도시와 환경에 대해 좀 더 입체적이고 풍부한 정보를 책 속에 담을 수 있을 것이라 기대해 본다.

이 같은 맥락에서, 이 책은 크게 두 가지 측면에서 기후 변화에 대응하는 국가와 지역 및 도시의 역동성에 접근하고 있다. 하나는 기후 변화 대응을 위한 공간적 역동성에 관한 담론이며, 다른 하나는 시간적 역동성에 관한 담론이다. 기후 변화를 둘러싸고 발생하는 지역과 도시에서의 다양한 현상을 두 개의 축, 즉 시간지속성과 공간에 따라서 위치짓는 담론들이 총 3부 11장에 걸쳐 펼쳐진다.

제1장에서는 기후 변화를 둘러싼 역동적 상황을 국제사회의 정치적 관점에서 풀어나간다. 총성 없는 전쟁을 펼치고 있는 국제사회의 치열한 신경전과 기후 변화 대응의 모순과 딜레마를 이론적으로 풀어나가고 있다.

제2장에서는 점차 다양화되는 기후 변화 영향을 부문별로 역동성의 관점에서 서술했다. 기후에 직접적 영향을 받는 농업 및 산림 분야는 말할 것도 없고, 이와 결부된 산업의 파급 영향을 고려한다면 영향을 받지 않는 산업을 고르기가 어려울 정도이다. 농촌지역에 미치는 파급 효과가 크겠지만 도시지역 역시 기후 변화의 영향으로부터 자유로울 수 없다. 기후 변화는 현재와 미래, 그리고 도시와 농촌이라는 시·공간을 초월하며 이미 우리 사회에 깊숙이 들어와 있다. 이에 점차 다양화되는 기후 변화의 역동적인 영향을 사회 기반시설, 농업, 산림, 수자원, 건강 분야로 나누어 부문별로 살펴보았다.

제3장에서는 세계 각국에서 다양하게 발표하는 기후 변화 취약성에 관한 다이내믹스를 다룬다. 다양한 기후 변화 취약성 분석 결과들을 비교하면서 기후 변화 위협의 객관적 근거 자료를 제시하고 시사점을 도출하고 있다. 아울러 취약성 지표에 대한 과도한 신뢰가 줄 수 있는 위험성에 대해 역설한다.

제4장과 5장에서는 기후 변화와 불확실성에 대한 논의를 다루고 있다. 제4장의 논의는 제5장 도시의 기후 변화 대응을 위한 사전 논의 단계이며, 기후 변화라는 불확실한 위험 상황을 어떻게 정의하고 넘어가는지에 대해 논의하고 있다. 기후 변화라는 불확실한 상황 속에서 지방정부가 어떻게 의사결정을 하는가에 대한 이론적 배경을 구축하고 추후 논의를 이끌어가는 편이 합리적이라고 생각했다.

제5장에서는 기후 변화 정책 수립 관련 의사결정의 이슈를 다루었으며, 기후 변화 적응 투자의 메커니즘을 모델링을 통해 풀어가고 있다. 기후 변화 대응은 불확실성에 대응하는 각급 정부의 의사결정 과정을 필연적으로 동반하게 된다. 이 과정에서 리더십의 불확실성에 대한 인식이 강한 영향을 미칠 수 있음에 주목한다. 기후 변화 대응에 관한 투자는 결국 정부의 의사결정 과정을 따르게 되면서 더욱 역동적 양상을 지니게 된다. 의사결정의 타이밍은 기후 변화 대응의 효과성에 상당한 영향을 미칠 수 있으며, 그 때문에 기후 변화 대응에 대한 의사결정은 시간적 역동성의 핵심적 부분

을 차지한다. 제5장에서는 지방정부 차원의 기후 변화 대응 투자에 대한 의사결정 과정을 다루고 있다. 특히 기후 변화 대응 대책에 따르는 도시정부의 예산 부담에 대한 논의를 추가하여 어떻게 예산 반영을 이루는지에 대한 정치경제학적인 접근을 시도하고 있다.

제6장에서는 기후 변화로 인한 재해 발생에 따르는 도시 기능의 변화를 시간 흐름에 따른 모형을 개발하여 시뮬레이션을 통해 개념을 설명했다. 재해 발생은 도시와 지역에 공간적 충격을 가져다 준다. 기후 변화로 인해 발생하는 크고 작은 재해로 도시와 지역의 공간 기능은 시간에 따라 변화하게 되며 역동적 피해 양상을 양산하게 된다. 자연재해는 국가의 안전과 존립을 위협하는 또 하나의 위험 요소이지만, 공간계획적 측면에서 파악해 보면 기후 변화 자연재해로 인해 가장 큰 영향을 받는 단위는 바로 도시와 지역이다. 기상이변(extreme events) 및 자연재해 발생은 시간에 따라 도시 기능에 큰 변화를 가져오게 된다. 이 같은 자연재해 발생의 메커니즘이 기후 변화 도시 대응의 시간적 역동성의 특징을 부각시켰다.

제7장에서는 기후 변화 연구의 역동성을 다룬다. 2000년 전후로 다양하게 수행된 국내 기후 변화 관련 연구의 특성을 연결망분석(Network Analysis: NA)을 통해 실증적으로 살펴보았다. 구체적으로, 국내 기후 변화 연구의 특성을 다양한 관점에서 살펴보기 위해 내용분석을 통해 기후 변화 연구의 특성을 분석했으며, 핵심어(keyword)에 의한 텍스트 분석을 통해 기후 변화 연구 흐름과 특성을 살펴보았다. 아울러, 기후 변화 연구의 역동적 변화를 핵심어 내용분석과 연결망분석을 통해 기후 변화 연구의 네트워크를 파악했다. 이에 국내 기후 변화 연구가 어떻게 이루어져 왔는지 그 흐름과 특징을 분석해 봄으로써 기후 변화 연구가 걸어온 길을 짚어보고 향후 정책 수립을 위한 방향성을 제시하고 있다.

제8장에서는 기후 변화로 위협받고 있는 도시에 대해 영향과 대응 측면에서 접근하고 있다. 기후 변화 위협은 여러 부문에서 다양한 현상으로 나타나지만, 특히 자연재해의 형태로 공간지역에 나타나 피해를 극대화시키는 경향이 있다. 많은 사람이 모이고 각종 도시시설이 밀집해 있는 도시지역은 기후 변화로 인해 가장 취약한 지역이기에 그 영향과 대응에 초점을 두고 저술했다.

제9장에서는 기후 변화 대응의 공간적 메커니즘을 다루고 있다. 도시계획적 기법이 도시와 지역의 기후 변화 적응을 위한 근본적인 대책이 될 수 있음을 주장한다.

위험한 지역에 대한 근원적 대비를 통해 재해 상황이 발생하기 전에 재해를 차단할 수 있는 원천적 수단이 되기 때문이다. 아울러 토지이용계획을 통해 위험에 노출된 지역에서 사람과 재산을 분리시키는 유용한 수단으로 사용됨을 강조하고 있다. 기후 변화에 대응하는 도시의 공간적 대응은 비용효과적(cost-effective)임을 주장하면서, 도시기본계획이나 도시관리계획과 같은 공간계획을 통해 사전에 기후 변화에 대응하는 것이 아무것도 하지 않아 피해를 입는 것과 비교하면 매우 효과적임을 강조하고 있다.

제10장에서는 기후 변화 완화정책과 적응정책의 다이내믹한 특성을 다룬다. 기후 변화 위험은 시·공간적 메커니즘을 동시에 지닌다. 공간적 맥락에서 살펴보면, 기후 변화로 인한 위해성(hazard)이 매우 높더라도 공간에서 취약한 상황(vulnerability)이 발생하지 않는다면 위험하다고 볼 수 없다. 위해성과 취약성이 동시에 작용을 해야 비로소 위험(risk)하게 된다. 시간적 맥락에서의 기후 변화 위험은 불확실성으로 설명된다. 이는 기든스의 역설(Giddens's paradox)을 의미하며, 임박한 기후 변화 위험은 당장 조치해야 할 위협으로 다가오지만 먼 훗날의 위험은 어떤 조치도 필요하지 않은 평온한 상황으로 인식되기 쉽다. 결국 시간적 맥락에서 위험이 임박하지 않았다는 판단이 장래의 위험을 더 가중시키는 현상이 초래된다. 완화와 적응이 이처럼 모두 시·공간적으로 민감한 메커니즘을 지니기에 국가와 정부의 정책적 판단에 따라 그 효과가 다르게 나타날 수 있음에 주목하며 기술하고 있다.

제11장에서는 미래 기후 변화와 지방자치단체의 창조적 대응에 대한 내용을 다루고 있다. 국제사회의 지구 살리기 눈치작전과 함께 국내에서 대두된 녹색성장은 전 국토와 도시를 지배했던 핫 이슈라고 해도 과언이 아니다. 기후 변화에 대응하기 위한 국가적 노력으로 녹색성장이 등장했고, 이 같은 중앙정부의 모토는 지방에 막대한 영향을 미쳤다. 미래 기후 변화와 녹색성장이라는 패러다임에 대해 지방자치단체의 창조적 대응을 강조하면서 기후 변화의 위기와 기회에 대한 담론을 전개하고 있다.

2013년 7월

춘천에서 현암(玄巖) 최충익

차 례

제 2 부 기후 변화 도시 대응의 시간적 역동성

제 3 부 기후 변화 도시 대응의 공간적 역동성

제 1 부

기후 변화와 역동성

제1부는 기후 변화와 역동성이라는 분석틀 형성에 역점을 두고 있다. 이는 기후 변화를 둘러싸고 발생하는 도시에서의 다양한 현상을 두 개의 축에 따라서 위치짓는 작업의 얼개에 해당한다. 기후 변화의 불확실성은 이에 대응하는 국가 및 도시들의 불확실성도 아울러 높이게 되며, 이는 매우 역동적인 양상을 낳고 있다. 제1장은 이 같은 역동적 현상의 하나로 기후 변화를 둘러싼 국제사회의 무혈전쟁을 논의한다. 제2장은 기후 변화의 막대한 파급 영향을 각 분야별로 살펴보면서 기후 변화 영향의 역동성 담론을 다루고자 한다. 이어 제3장에서 기후 변화의 불확실성을 다루는 인류의 과학적 노력으로서 취약성 분석을 살펴보고자 한다.

제 1 장 기후 변화의 정치적 다이내믹스

1 국제사회의 기후 변화 대응 신경전

작금의 국제사회는 기후 변화를 둘러싸고 피만 흘리지 않을 뿐이지 어써면 그보다 더 치열한 무혈전쟁을 치르고 있다. 1900년대 전 세계를 지배한 현상이 도시화였다면 2000년대 들어서 국제적 화두는 단연 기후 변화라고 볼 수 있다. 이들 현상은 전 지구적으로 거역할 수 없는 두 가지 현상으로 인식되며, 전 세계 곳곳에서 막대한 영향을 미치고 있다. 가속화되는 도시화 추세 속에 기후 변화의 영향력은 앞으로 우리 사회에서 더욱 심화될 것이라는 것이 전문가들의 공통된 견해이다(Norman, 2008; Klein et al., 2007; 최충익, 2011). 기후 변화를 둘러싸고 펼쳐지는 전 세계 국가와 도시들의 총성 없는 전쟁 속에서 우리는 어떤 생존전략을 꾸려가야 하는지가 초미의 관심사가 되고 있다.

기후 변화는 우리의 정치, 경제, 행정, 사회, 문화 시스템에 걸쳐 광범위하게 영향을 미치지만 대응 관련 정책과 연구는 여전히 편향적 성격을 벗어나지 못하고 있다. 더구나 기후 변화 문제는 융·복합학적으로 나타나지만, 이를 다루는 정부의 대응 체계는 매우 세분화된 대응을 하는 한계를 보이고 있다. 기후 변화에 대한 대응은 주로 기술적 접근을 강조하며 자연과학·공학적 대응 방법에 의존해 왔으며, 정작 기후 변화로 인해 가장 큰 영향을 받고 있는 인간의 삶에 대한 학문인 인문·사회과학과 제대로 연계되지 못한 것이 현실이었다. 초기 기후 변화 대응은 환경문제로만 여겨졌으며, 기술적 조치에 의해 쉽게 해결될 것으로 간주되었다. 하지만, 기후 변화의 위해성과 영향에 관한 기술적 접근은 문제를 해결하는 데에 한계가 있었다. 전 지구적으로 나타나는 기후 변화 문제의 해결을 위해 정치·경제·행정적으로 국제사회의 공조 노력이 복합적으로 전개되기 시작했다(Wilbanks et al., 2007; Giddens, 2009). 이 과정에서 기후 변화 대응은 자연과학과 공학에 치중한 기술적 접근에서 사회과학을 포괄하는 초학문적 접근으로 변화하기 시작했다. 이 같은 맥락에서 기후 변화 대응에 관한 이슈는 기후 변화 대응 논의를 기술적인 환경문제로만 여기고 과학적 단일 학문 접근(mono-disciplinary)을 주장했던 연구 추세는 변화되어 사회과학 역할론이 부각되고 있다는 측면에서 그 의미가 있다. 기후 변화의 대응은 이제 인문·사회과학을 포괄하는 초학문적 접근(trans-disciplinary approach)으로 이루어져야 한다는 논의가 활발하다(Biesbroek et al., 2009; Bizikova et al., 2007; 최충익, 2011; Dang et al., 2003). 이제 기후 변화 대응을 위한 체계에서도 자연과학적·공학적 대응과 인문·사회과학적 담론이 통합된 융·복합적 접근이 무엇보다 필요하다. 기후 변화 대응을 위한 기술적 대응 체계와 인문·사회적 대응 체계는 같은 목표를 향한 서로 다른 관점의 접근인 것이다.

기후 변화에 대응하기 위한 국제사회의 움직임은 역동적이면서도 치열한 양상을 나타내고 있다. 1992년 브라질 리우데자네이루에서 개최된 유엔 환경개발회의(UNCED)에서 기후변화협약(UNFCCC)이 채택된 이래 국제사회는 기후 변화에 적극적으로 대처하는 노력을 끊임없이 진행하고 있다. 우리나라도 1993년 12월 가입하면서 200여개의 당사국 중 일원이 되었다. 1995년 제1차 당사국총회(Conference of Parties: COP) 개최 이후 2011년 더반 회의까지 총 17회에 걸쳐 온실가스 감축을 위한 국제사회의 무혈전쟁이 벌어졌다. 지구환경 보호라는 선의의 목표는 국제사회에서 개별 국가들의 경제적 이해와 맞물려 각종 갈등과 문제를 표출시키고 있다. '공동의 차등화된 책임론(common but differentiated responsibilities and respective capabilities)'이라는 기본 원칙도 기후 변화 대응의 모순을 부추기고 있다(한화진 외, 2007; KDI, 2012; Hamin & Gurran, 2009).

기후 변화 국제 협상을 둘러싼 다양한 각국의 입장 차이는 결국 국가별 온실가스 감축정책이 호락호락하지 않음을 극명하게 보여준다. 국제사회가 국가 간 합의를 제대로 이행할지의 여부가 불투명한 상태에서 감축활동에 의한 편익이 그 비용을 상쇄하기에 충분한 것인지 고민해 볼 시기이다. 결과적으로, 기후 변화 대응을 위해 얽혀 있는 국제사회의 복잡한 역학 관계는 다양한 모순적 행태를 야기하고 있으며, 기후 변화 대응을 위한 일련의 시스템은 이 같은 모순을 염두에 두고 재정립될 필요가 있다. 아울러 기후 변화 대응에 대한 국제사회의 움직임을 주시하면서 국제 기준에 부합할 수 있는 플랫폼 개발과 인근 국가와의 공조 체계 마련을 위한 행정 시스템 개발이 어느 때보다 필요하다. 환경 분야 세계은행으로 불리는 녹색기후기금(GCF) 사무국 유치로 인해 국제 환경 분야에 대한 국내의 관심이 커진 가운데 기후 변화 대응을 위한 시스템의 변화가 이루어질 것으로 기대되는 시점이다.

2 기후 변화 대응의 모순과 딜레마

기후 변화 대응을 위한 세계 각국의 노력이 활발하다. 모든 국가가 싫든 좋든 기후 변화의 영향으로부터 자유로울 수 없기에 국가 간 대응 시스템은 다양한 모순과 딜레마를 양산하고 있다. 이 같은 모순과 딜레마는 국내 기후 변화 대응 체계에도 영향을 미친다. 기후 변화 대응을 둘러싸고 나타나는 국내외의 모순된 현상들을 살펴보면 다음과 같다.

첫째, 기후 변화 대응 체계에서 나타나는 기술적 딜레마이다. 기후 변화로 인한 자연재해의 피해는 전 세계적으로 폭증하고 있지만 우리의 정책적 관심의 행태는 정작 적응(adaptation)보다 완화(mitigation)를 중심으로 이루어지고 있다. 이 같은 기후 변화 대응정책에서 완화와 적응의 불균형은 기후 변화 대응의 중요한 모순이며 딜레마로 파악될 수 있다. 기후 변화에 대한 기술적 전략은 주로 지구온난화의 원인인 온실가스 배출을 줄임으로써 기후 변화가 더 이상 진전되는 것을 막는 완화정책(mitigation policy)과 기후 변화의 파급 효과와 영향을 파악하여 그 영향은 최소화하는 적응대책(adaptation policy)으로 나누어 실행되어 왔다. 하지만 대부분 기후 변화에 대한 연구나 정부의 대응은 주로 온실가스의 저감에 초점이 맞추어져 적응에 대한 인식과 관심은 상대적으로 부족했다 (조광우 외, 2004; Klein et al., 2007). 우리나라도 2008년 저탄소 녹색성장이 국정 기조로 채택된 이후 녹색산업과 기술 개발을 위한 온실가스 감축에 관심이 집중되었다. 상대적으로 재해의 예방과 관리라는 기후 변화 적응에는 소홀해 왔음을 부인할 수 없다.

사실 IPCC(2007) 보고서에서도 대부분의 서방 선진국도 온실가스 감축이라는 완화 정책에 더 많은 정책의 에너지를 쏟고 있음을 지적한다. 이 같은 모순은 [그림 1-1]의 국가별 적응정책 현황을 보면 알 수 있다. IPCC 보고서에 의하면 대부분의 국가가 기후 변화 역량의 90% 이상을 완화에 치중하고 있으며, 단지 10% 미만의 역량만이 기후 변화 적응정책에 투자되고 있어 적응 대안 및 정책 대응은 매우 미흡한 수준에 있음을 보여준다(IPCC, 2007; 고재경, 2011). 같은 맥락에서 UNDP(2004)는 대부분의 적응정책에 관한 연구가 주로 기후 변화의 영향에 초점을 맞추고 있음을 지적하면서 지속 가능한 발전계획의 개념과 기후 변화 적응정책을 조화시키는 대안으로 적응정책틀(adaptation policy framework: APF)을 제시한 바 있다. 이 개념의 핵심은 현재 기후 변화의 취약성뿐만 아니라 장래 발생할지도 모르는 중장기적 시각에서 불확실성을 다룬다는 것이며, 가장 효과적인 방법으로 취약성을 저감하는 적응정책 개발에 초점을 두고 있다(UNDP, 2004).

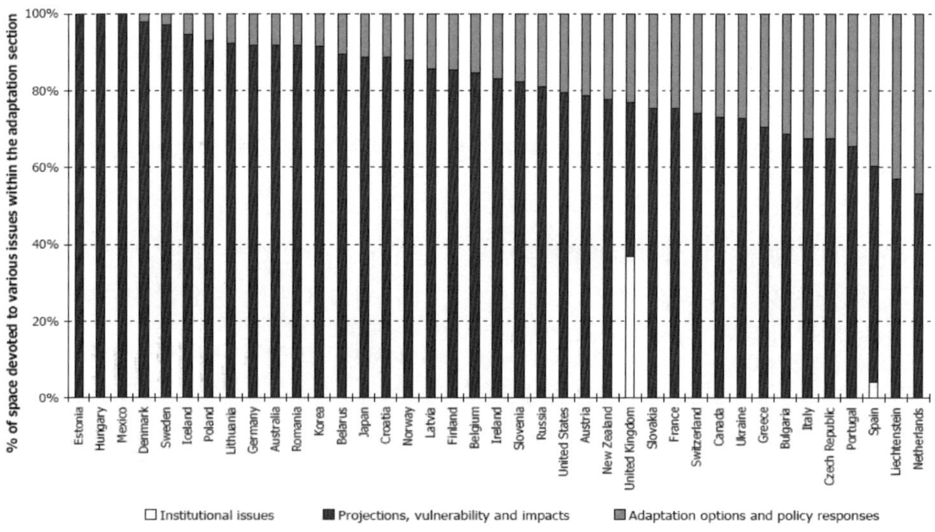

그림 1-1 국가별 적응정책 현황

자료: OECD(2006).

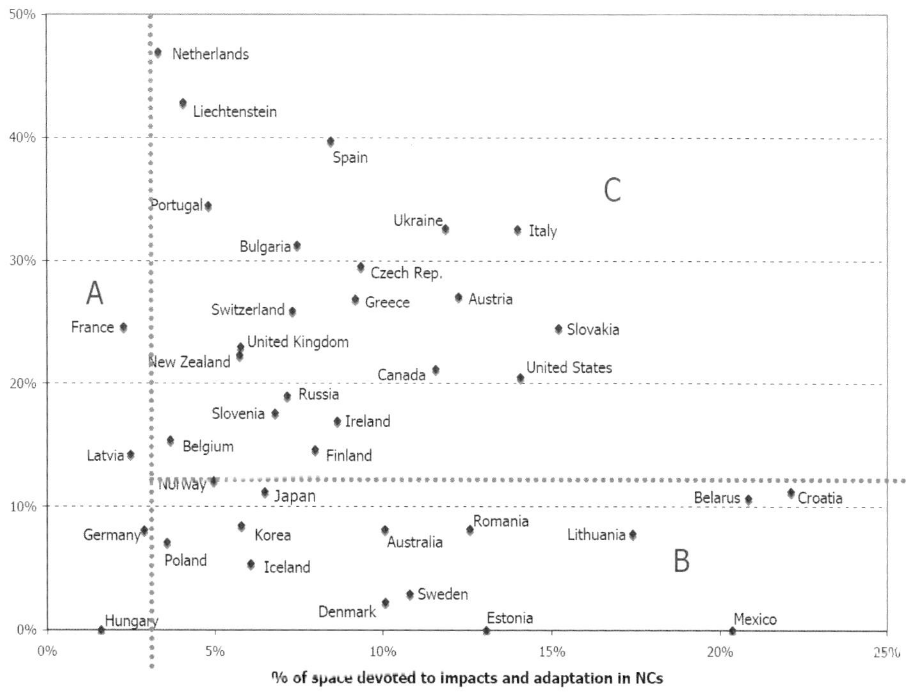

그림 1-2 기후 변화 적응정책의 비중

자료: OECD(2006).

[그림 1-2]는 기후 변화 적응정책의 핵심 이슈인 적응과 영향에 관한 비중 정도를 나타내고 있다. 그룹 A는 영향과 적응에 관한 논의가 제한적인 집단이며 그룹 B는 영향평가에 주로 집중하고 있고, 그룹 C는 영향과 적응 면에서 균형을 이루고 있는 것으로 나타난다. 한국은 B그룹에 속하며, 그나마도 기후 변화에 대한 적응보다도 영향평가에 치우쳐 있음을 확인할 수 있다(OECD, 2006). 전 세계 자연재해 피해가 기하급수적으로 늘어나는 상황에서 기후 변화 적응에 대한 관심이 온실가스 감축에 밀리는 이유는 납득하기 어렵다([그림 1-3]). 우리나라도 2009년 국가기후변화적응센터(KACCC) 설립을 시작으로 기후 변화 적응을 위한 체계적인 대응을 추진하고 최근 연구도 활발해지고 있지만 여전히 국가 기후 변화 적응 시스템의 정착과 활성화는 미완의 과제로 남아 있다.

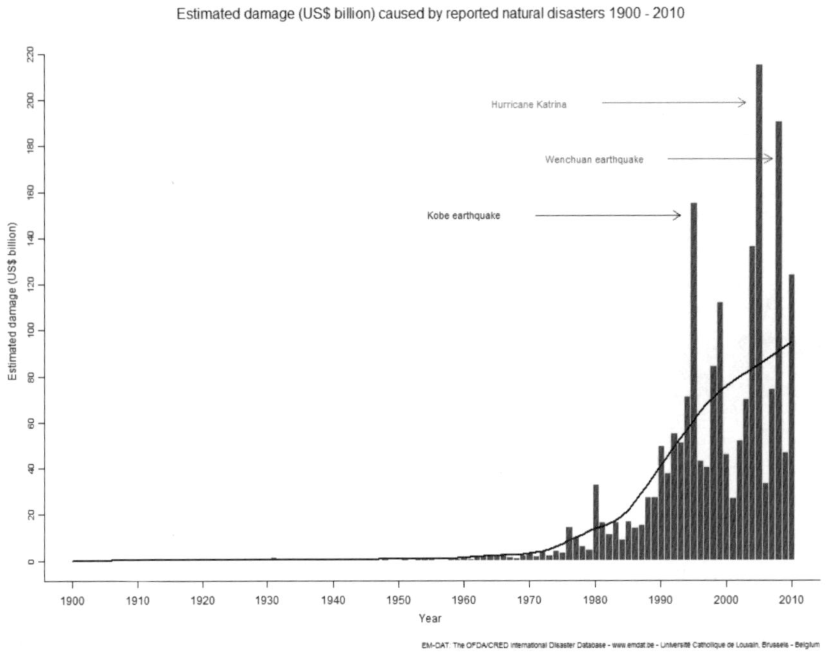

그림 1-3 세계 자연재해 피해 현황

자료: http://www.emdat.be/natural-disasters-trends

둘째, 국제사회에서 나타나는 기후 변화 대응의 딜레마는 온실가스 감축 비용이 감축국의 희생에 근거함에도 감축 결과의 혜택은 국제사회에 공유되는 무임승차자(free rider)가 존재한다는 것이다. 1997년 교토의정서(Kyoto Protocol) 이래 무임승차 문제를 해결하기 위한 노력이 15년간 지속되었지만 별다른 진전이 없는 상황이다. 2012년 더반 회의(COP 17)에서도 2012년 종료되는 교토의정서의 시한을 2013~2017년으로 연장함으로써 기후 변화 협상의 무정부 상태를 막는 데에 그쳤다. 교토의정서가 취약한 법적 구속력을 가지고 있기 때문에 주요 온실가스 배출국들은 자국의 경제를 희생시키고 싶지 않은 심리가 작용한다. 누구나 원하고 있지만 누구도 적극적으로 참여하지 않는 모순된 행태가 기후 변화 대응을 둘러싼 국제사회의 정치·경제적 행태에서 나타나고 있다. 정치적으로는 적극적인 참여 의사를 표명하지만 경제적으로 불이익이 될 수밖에 없는 부담을 떠안기는 싫어하는 양상이다. 심각한 문제는 개도국의 온실가스 감축을 전제하지 않고 선진국들에게만 감축 의무를 부여하는 경우 소위 탄소 누출(carbon leakage)이 일어나 배출지만 변화할 뿐 지구 전체의 온실가스 감축은 이루어지지 않는다는 것이다(Peters et al., 2011; KDI, 2012). 지구촌 모든 국가가 기후 변화로 인한 위해성을 인정하고 지속 가능한 환경 조성을 위한 국제사회의 공조가 필요하다는 데에 강력히 동의하고 있지만, 구체적인 이행력을 담보하는 합의문 작성에는 미온적이라는 모순된 행태를 보인다. 선진국은 개도국의 온실가스 감축 참여 여부 및 정도에 따라 달라질 수 있다는 소극적인 자세를 보이고, 개도국은 자국의 경제 발전이 저해될 수 있다는 우려로 온실가스 감축 의무 부과에 대해 반대하고 있다. 이 같은 움직임 속에서 우리 정부는 과연 어떤 태도를 취하는 것이 바람직할 것인지 실리적 관점에서 고민해 볼 필요가 있는 것이다. 세계적으로 바람직한 수준에까지 온실가스를 감축하는 것이 특정 국가에는 바람직하지 않은 희생을 강요할 수 있는 것이다(대외경제정책연구원, 2012). 따라서 기후 변화 협상에 많은 국가가 참가하여 합의를 이루기 위한 전제 조건은 협상으로 손해를 보는 국가들이 수긍할 수 있을 만한 배려를 해 주어야 한다는 것이다(Germanwatch, 2012).

셋째, 기후 변화 대응 체계에 존재하는 공간적인 딜레마를 들 수 있다. 공간적 모순은 크게 두 가지 측면에서 나타난다. 하나는 지구적 차원에서 기후 변화 대응 체계를 둘러싼 국가 간 대립이 공간적으로 극명하게 나타난다. 기후 변화 국제 협상에 임하는 각국의 첨예한 입장은 합의에 대한 목표 달성에서도 극명한 대조를 이룬다. EU는 2008년 현재 배출량을 6% 정도 감축하여 교토의정서 합의 수치인 8%에 근접하고 있지만 7% 감축을 약속한 미국의 경우 오히려 17%가량 증가한 상태이다. 캐나다의 경우도 2008~2012년 사이 배출량을 6% 감축해야 했지만 2009년 현재 배출량이 17% 증가한 상태이다. 상황이 이렇기에 캐나다의 경우 적극적인 감축 대신 교토 시스템을 벗어나는 쪽으로 가닥을 잡고 있다. 러시아와 일본 역시 그간의 감축 활동에 대한 인정을 받고 추가적인 감축이 어려워 합의에 회의적인 입장이다. 반면, 지구온난화로 가장 큰 위협을 받는 아프리카와 소규모 도서국들은 EU를 적극 지지하며 대조적인 상황을 이루고 있다(Nordhaus, 2009; Barrett, 2011). 이처럼 기후 변화 대응 체계를 둘러싸고 나타나는 공간적 불균형은 선진국과 후진국의 입장을 첨예하게 대립시키는 중요 요소가 된다.

또 하나의 공간적 모순은 국가적 차원에서 기후 변화에 적응하는 중앙정부와 지방정부의 행태에서 발견된다. 기후 변화로 인한 자연재해 발생은 대응 인프라가 상대적으로 부족한 지방정부에 치명적인 위협으로 작용한다. 모순적인 상황은 피해 위험은 고조되지만 정작 지방정부의 관심은 매우 저조하다는 데에 있다. 기후 변화로 인한 적응의 최대 수혜자는 지방정부임에도 대응 여건의 부족으로 인해 여전히 대응의 몫은 지역 상황을 제대로 모르는 중앙정부에 넘겨지는 모순이 발생한다. 기후 변화의 영향은 기본적으로 전 지구적이지만 구체화되어 나타나는 공간 단위는 바로 도시와 지역이다. 완화정책 측면에서는 단일 지자체의 노력만으로 온실가스 저감 효과는 적겠지만 적응정책 측면에서 각 지자체의 기후 변화 적응 능력 향상은 상대적으로 효과적이다. 기후 변화 영향에 의한 피해가 발생하는 곳이 지자체이며 이를 줄이기 위한 일차적 대응기관 역시 지자체이기 때문이다. 물론 지자체의 대응 능력만으로 모든 기후 변화의 영향에 효과적으로 대처할 수는 없다. 중요한 것은 지역의 대응정책이 국가 대응정책을 보완하는 필수전략이며 중앙정부와 지방정부의 기후 변화 대응 능력에 대한 균형을 유지해야 할 필요가 있다는 것이다(고재경 외, 2008; 최충익, 2011). 기후 변화 대응 체계의 공간적 불균형을 극복하는 과제는 중앙정부와 지방정부의 갭을 어떻게 해결하는가와 맥을 함께한다.

3 국제사회의 기후 변화 대응 체계와 우리의 대응

기후 변화 대응을 위한 시스템을 어떻게 갖출 것인가에 대한 많은 국가의 노력이 있었다. 무엇보다 유럽의 주요 국가들이 기후 변화 대응의 선도적 역할을 수행하고 있다. 영국의 경우 일찌감치 국가적 차원에서 주도적으로 대응 체계를 정비해 왔다. 1994년 영국기후변화프로그램(UK's Climate Change Program)을 수립했고, 2008년 11월에는 「기후변화법(Climate Change Act)」을 제정하고 온실가스를 2050년까지 1990년 대비 80% 감축하는 내용을 법에 명문화하기까지 하여 입법적인 대응 체계까지 구비했다(윤경준 외, 2010). 영국 기후 변화 대응 체계의 핵심은 2008년 기후변화에너지부(Department of Energy and Climate Change: DECC)의 설립을 들 수 있다. 당시 환경·식품·농업부(Defra)가 관할하던 온실가스 감축정책 부문과 기업·혁신·기술부(BIS)가 관할하던 에너지 정책 부문이 통합되어 신설 조직이 탄생했다. 영국 내 기후 변화 정책의 주도적인 역할을 DECC가 수행하지만 최종적인 의사결정은 여전히 수상이 주재하는 내각회의에서 이루어지는 특징을 갖는다. 특히 기후 변화 대응정책과 관련해서는 내각회의에 앞서 두 개의 소위원회(환경에너지소위원회, 국제기후 변화에 대한 수상임시위원회)가 운영되어 안건을 심의한다. 의원내각제인 영국의 경우 의회 소속의 기후변화위원회(CCC)가 기후 변화 정책에 결정적인 영향을 미친다. CCC의 성격은 자문기구이나 특별한 경우가 아니면 정부기관이 위원회의 자문 및 권고를 따르는 것이 상례이다(CCC, 2009; 윤경준 외, 2010). DECC 운영의 문제점은 기후 변화 대응이 완화정책과 적응 감축이 이원적으로 운영되는 데에 있다. 온실가스 감축정책이 DECC로 이관되고 적응정책은 여전히 환경·식품·농업부(Defra)에 남아 있어 두 정책 구분이 모호할 뿐더러 지방정부에서는 기후 변화 관련 정책집행의 통제를 두 부처로부터 동시에 받아야 하는 번거로움이 존재한다는 것이다. 기존 조직을 쪼개어 새로운 조직을 만들고 야심찬 시작을 했지만 부처 간 업무 이관은 여전히 숙제로 남아 있다.

프랑스의 경우 유럽의 다른 국가들에 비해 온실가스 배출의 스트레스가 상대적으로 적다. 이는 전력 생산 방식이 석탄이나 석유와 같은 화석연료에 의존하기보다 원자력에 대한 의존도가 높기 때문인 것으로 풀이된다. 프랑스 기후 변화 대응 행정 체계의 특징은 2007년도에 이루어진 두 가지 사건으로 요약될 수 있다.

첫째, 2007년 환경그르넬(Grenelle de l'environnement)이라는 환경포럼이 결성되어 정부, 지방자치단체, 기업, 시민단체 등의 이해당사자가 모두 참여하여 기후 변화와 관련된 주요 정책을 논의하는 협의체가 구성되었다는 것이다. 이를 토대로 2009년 기후 변화 대응을 위한 기본법인 「그르넬환경법」이 제정되었는데, 이 법에서는 온실가스 배출량을 2050년까지 1990년의 25% 수준으로 줄이는 등 효율적인 경제 체제를 구축하는 내용을 담고 있다(MEEDDAT, 2007; 윤경준 외, 2010).

둘째, 2007년 7월 기존 기후 변화 관련 중앙부처 간 대통합을 통해 생태·에너지·지속가능개발 및 계획부(MEEDDAT)를 신설했다는 점이다. 이후 조직개편을 통해 2009년 생태·에너지·지속가능개발 및 해양부(MEEDDM)로 바뀌었는데, 프랑스 기후 변화 행정조직의 특징은 전면적인 부처 통합을 통해 기후 변화 대응 체계를 구축했다는 점이다. 이 거대한 통합 부처에서 주거, 지속 가능 개발, 에너지, 기후, 위험 예방, 교통 및 해양 등의 주요 기능을 총괄하고 있으며, 기후 변화 대응에 필요한 전방위적 분야를 포괄하는 특징을 지니고 있다. 중요한 것은 관련 기능이 하나로 통합

되는 것이 부처 내 정책 조정이 효율적으로 이루어짐을 의미하지는 않는다는 점이다. 의욕적으로 부처들을 통합하여 기후 변화에 입체적으로 대응하려는 체계를 구축했지만 부처 내 조정이라는 새로운 미완의 과제가 상존한다.

교토의정서가 발효되었던 일본의 경우 기후 변화 대응은 유럽 선진국들에 비해서는 소극적이라고 볼 수 있다. 유럽 주요국들이 온실가스 감축에서 국가별 강제 할당 방식을 주장했던 것과 달리 일본은 사회 전반의 자발적 노력을 강조하면서 미국의 접근과 유사한 미온적 태도를 보여 왔다(Wu, 2009). 유럽과 달리 일본의 온실가스 배출량은 지속적으로 증가하는 추세를 보이고 있다. 하지만, 최근 일본의 기후 변화 대응에도 변화가 일고 있다. 2010년 기후 변화 문제에 대응하기 위해 「지구온난화대책기본법」을 각료회의에서 통과시켰고, 여기에는 2050년까지 온실가스 배출을 1990년 대비 80%까지 감축한다는 목표가 포함되어 있다. 일본 기후 변화 대응 행정 체계의 핵심 역할은 '지구온난화방지본부(GWPH)'에서 맡고 있다. 본부의 주된 업무는 교토의정서 목표 달성계획의 작성이라고 볼 수 있으며, 이는 환경성과 경제산업성이 합의해서 작성한 지구온난화 대책추진대강에 기초한다. 흥미로운 점은 일본은 영국이나 프랑스와 같이 중앙부처의 신설이 아니라 기존 부처 간 협의기구를 통해 기후 변화 대응정책 업무를 수행하고 있다는 점이다(윤경준 외, 2010).

우리나라 기후 변화 대응 체계의 모태는 1999년 작성된 '기후변화협약 종합대책'으로 거슬러 올라간다. 그 후 2001년에 '기후변화대책위원회'를 구성하여 범정부 차원에서 대응 체계를 마련하기 시작했고, 2009년 녹색성장위원회가 출범하면서 온실가스 저감과 경제 성장 추구라는 녹색성장이 국가 발전 전략으로 구체화된다. 여기에 2010년 「저탄소녹색성장기본법」이 시행되면서 한국의 기후 변화 대응 행정 체계로서 녹색성장이 핵심 개념으로 등장하게 된다. 기후 변화 대응 행정 체계의 요체인 대통령 직속기구 녹색성장위원회는 다수의 관계 부처 장관이 참여하는 위원회 구조를 가진다. 기후 변화 정책의 복잡성과 광범위성을 감안할 때 통합 부처가 참여하는 위원회가 타당하나 효과적인 정책 조정에 대한 고려가 미흡하다는 우려가 있다. 특히 중앙부처의 소관주의가 뚜렷한 우리나라의 경우 정책 수립 및 집행 시 발생할 수 있는 부처 간 대립각이 자칫 정책의 효율성을 떨어뜨릴 위험마저 존재하기에 현(現) 정부의 기후 변화 대응 체계 개선을 위해서는 반드시 해결해 나가야 할 과제이다.

사실 기후 변화에 불확실성이 존재하지 않는다면 이에 대비하는 정책 결정의 어려움은 존재하지 않을 것이다. 하지만 기후 변화가 실제 공간에 미치는 영향을 제대로 이해하고 이에 대비하기란 어려운 것이 현실이다. 불확실성은 위험과 관련된 지식의 정도로 표현될 수 있다(UKCIP, 2007). 기후 변화에 의해 발생할 미래의 위험 상황에 대한 우리의 지식은 불확실성을 가지게 되는데, 이 불확실성은 인간의 사회경제적 활동 정도와도 깊이 관련이 있다. 이 불확실성에 대한 효과적 대응은 향후 기후 변화로 인해 발생할 수 있는 위험 상황을 저감할 수 있을 것이다(최충익, 2011). 어찌 보면 기후 변화 대응을 위한 행정 체계는 기후 변화로 인해 발생할 수 있는 각종 위험과 불확실성에 관한 지식과 정보를 키우고 이에 대비하는 일련의 시스템이라고 볼 수 있다. 이 같은 관점에서 기후 변화 대응을 위한 전담 행정조직은 무엇보다 조직의 유연성(flexibility)이 확보되어야 한다. 거대조직으로 종합적인 업무를 총괄하고 각 분야의 전문성을 통해 정책을 수립하고 집행하는 것도 중요하지만, 향후 기후 변화로 나타날 수 있는 각종 불확실성에 대해 신속하고 유연하게 대처할 수 있는 능력이 무엇보다 중요하다. 사실 누가 보더라도 위기 상황에서 거대조직이 신속하게 움직이기를 기대하기란 쉽지 않다. 이것이 기후 변화 대응 담당부서가 조직의 외형적 크기보다는 내부의 기능적 연계성을 고려하는 방향으로 개편이 이루어져야 하는 이유이다.

향후 개선 방안은 지난 정부의 녹색성장이라는 모토를 이어받을 수도 있고 새로운 환경 패러다임을 형성해 나갈 수도 있다. 기후 변화에 대응하기 위한 조직개편이 이루어질 때 무엇보다 중요한 사실은 지극히 불확실성이 높은 기후 변화에 대응하기 위한 시스템이 경직성을 가지는 것은 피해야 한다는 사실이다. 이 과정에서 부처 간 힘겨루기에 의한 기후 변화 대응 체계가 왜곡되어서는 안 될 것이다. 무엇보다 온실가스 감축정책 수립을 담당하는 주요 부처인 환경부와 산업통상자원부, 그리고 적응정책 수립을 총괄하는 소방방재청과 환경부 및 국토교통부의 기후 변화 대응을 위한 사전 공감대 형성이 중요하다. 기후 변화가 더 이상 우리에게 위협이 아닌 새로운 기회를 줄 수 있는 정부의 지혜로운 기후 변화 대응 행정 체계가 어느 때보다 필요한 시기이다.

제 2 장 기후 변화 영향의 다이내믹스

기후 변화가 산업과 일상생활에 미치는 영향은 열거하기 힘들 정도이다. 기후에 직접적 영향을 받는 농업 및 산림 분야는 말할 것도 없고 이와 결부된 산업의 파급 영향을 고려한다면 영향을 받지 않는 산업을 고르기가 어려울 것이다. 농촌지역에 미치는 파급 효과가 크겠지만 도시지역 역시 기후 변화 영향에서 자유로울 수 없다. 기후 변화는 현재와 미래 그리고 도시와 농촌이라는 시·공간을 초월하며 이미 우리 사회에 깊숙이 들어와 있다. 점차 다양화되는 기후 변화의 역동적인 영향을 부문별로 살펴보고자 한다.

1 기후 변화가 사회 기반시설에 미치는 영향

기후 변화가 사회 기반시설에 미치는 영향은 대부분 극한 기상재해의 발생으로 초래되는 경우가 많으며, 기반시설의 피해는 시설물을 훼손시키고 수명을 감소시켜 사회경제적 손실을 야기함과 동시에 국민의 안전에 심각한 위협이 될 수 있다(KEI, 2010).

최근 30년간(1980~2009) 세계 재해 발생 현황을 보면 아시아의 수치가 가장 높게 나타난다. 무엇보다 세계적으로 재해 발생 수는 2000년대 들어 급격히 증가하고 있는데, 기후 변화에 따른 영향으로 그 유형이 점차 다양화되고 있음을 알 수 있다. 특히, 지표면의 이동 현상인 매스 무브먼트 현상이 지속적으로 증가하고 있는데, 이는 지진, 해빙, 폭우 등으로 인해 토양의 내부 마찰이 감소하여 일어나는 재해로 2000년대 들어 발생 횟수가 급격히 늘었다 ([그림 2-1 참조]). 자연재해의 증가는 도시의 주요 서비스 기능을 수행하는 사회 기반시설에 대한 직접적 위협으로 해석될 수 있다.

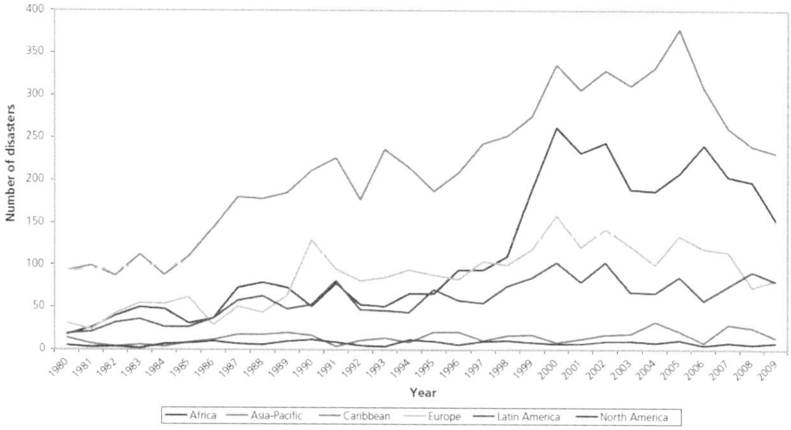

그림 2-1 전 세계 자연재해 발생 현황

자료: ESCAP(2010).

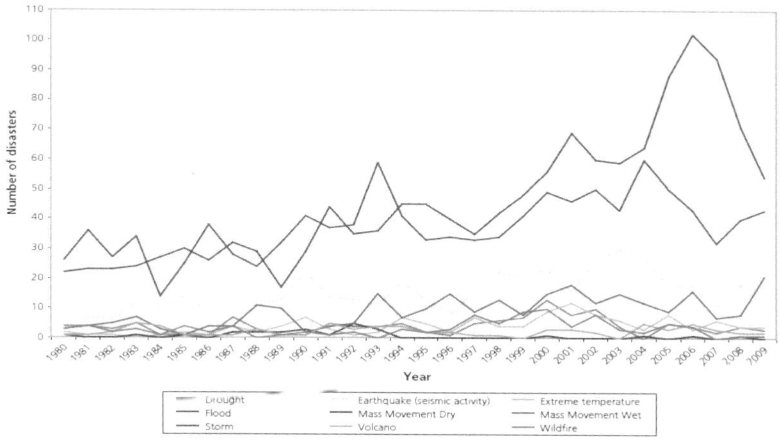

그림 2-2 동아시아 지역의 재해 유형

자료: ESCAP(2010)

기후 변화에 대한 영향과 심각성은 다양한 형태로 나타나지만, 우리나라의 경우 집중호우와 태풍, 폭설 등과 같은 자연재해로 인한 사회 기반시설의 피해가 두드러지는 현상을 보이고 있다. 인간 정주와 밀접하게 관련된 사회 기반시설은 기후 변화에 취약할 수 있기에 사회 기반시설 관리가 절실하다.

기후 변화가 사회 기반시설에 미치는 영향은 특히 극한 기후 사상(extreme climatic events)의 형태로 나타나며, 이는 궁극적으로 지속 가능한 성장의 저해 요소가 된다. 명수정 외(2009)에 따르면, 기후 사상별 10순위 사회 기반시설 중 '해수면

	기후 변화 영향											
기반시설 유형	태양 복사열의 증가	유효한 수분의 감소	우기·건기의 변동성 증가	기온 및 혹서 증가	강우 감소	일일 집중호우 증가	폭풍의 빈도와 강도 증가	강풍 강도 증가	뇌우 발생 증가	산불 증가	해수면 상승	습도 증가
수도	△	◎	◎	◎	◎	◎	◎	△	△	◎	△	△
하수시설	△	◎	◎	△	◎	◎	◎	△	△	△	◎	△
우수 처리시설	△	◎	◎	◎	△	◎	◎	△	△	△	◎	△
전기	◎	◎	◎	◎	◎	◎	◎	◎	◎	◎	△	△
가스와 기름	△	◎	◎	△	△	◎	◎	△	△	◎	◎	△
유선통신망	◎	△	△	◎	△	◎	◎	◎	◎	◎	◎	△
무선통신망	△	◎	△	△	△	△	△	◎	△	△	△	△
도로	◎	◎	◎	◎	△	◎	◎	△	△	△	△	△
철도	△	△	△	◎	△	◎	◎	△	◎	△	△	△
교량	◎	△	△	◎	△	◎	◎	◎	△	△	△	△
터널	△	△	△	△	◎	◎	◎	△	△	△	◎	△
공항	◎	◎	△	◎	△	◎	◎	◎	△	◎	△	△
항만	△	△	△	△	△	◎	◎	◎	△	△	◎	△
건물 및 시설물	◎	◎	◎	◎	◎	◎	◎	◎	◎	◎	◎	◎
도시편의시설	◎	◎	◎	◎	△	◎	◎	◎	◎	◎	◎	△

△ 경미한 위험-자연의 변동 가능성 내의 '경미한' 위험을 나타냄
◎ 명백한 위험-자연의 변동 가능성 내의 '명백한' 위험을 나타냄

그림 2-3 사회 기반시설별 기후 변화 영향 평가

자료: 해양환경관리공단(2010)에서 재인용.

상승'과 '태풍 및 폭풍'에 대한 취약 사회 기반시설 1위가 항만이었다. 또, 예상 피해가 크며 적응이 시급하다고 나타난 기후 사상과 기반시설의 2위가 '태풍 및 폭풍'에서의 항만으로 나타났고, 1위는 '홍수 및 집중호우'에서의 하천시설이었다. 이는 태풍 및 폭풍과 같은 자연재해에 연안의 주요 시설물인 항만시설의 기후 변화 취약성이 높으므로 연안 지역의 경우 내륙과 공통적으로 가지고 있는 시설물 이외에 항만시설과 같은 연안의 고유한 시설물에도 안전성을 높여야 함을 시사한다.

도시의 정주 패턴은 사회 기반시설이 밀집된 대도시로 쏠리고 있으며 대도시는 높은 인구밀도로 인해 기후 변화로 인한 자연재해에 더욱 취약한 상황이다. 더욱이 좁은 공간에 많은 사람이 이용하는 사회 기반시설이 재해로 파괴될 경우 도시 기능의 마비를 가져와 그 피해는 더욱 커질 수 있다. [그림 2-4]에서 보는 바와 같이 T 시점에서 발생한 재해로 사회 기반시설이 제공하는 서비스의 질은 급격히 떨어지게 되고, α, β 시점까지 피해가 이어져 도시 기능을 마비시키게 된다. 기후 변화에 따라 이러한 기상이변 발생 빈도는 전 세계적으로 증가 추세(IPCC, 2007)이다. 기후 변화 변동으로부터 안정적인 도시생활을 확보하기 위해 g(t) 사회로 변화를 도모할 필요가 있다(최충익, 2011).

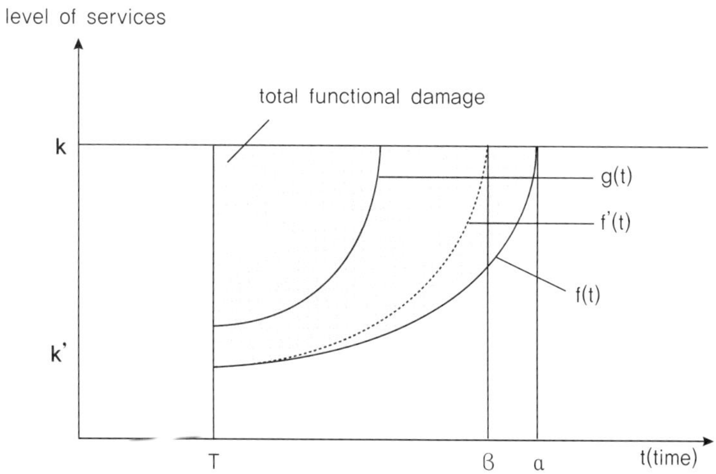

그림 2-4 사회 기반시설 피해에 따른 도시 기능의 변화

자료: 최충익(2011)에서 재인용.

불확실성이 높은 기후 변화에 대해 별다른 조치를 취하지 않는 것은 장기적으로 볼 때 많은 국가적 자산을 위험에 빠뜨려 막대한 비용을 초래할 수 있는 선택이다. '계획된 적응(planned adaptation)'은 기후 변화에 대한 균형 있고 신중한 정책의 일부분으로서, 기후 변화의 결과들을 최소화하거나 적응하거나 혹은 유리하게 이용할 수 있는 능력을 적극적으로 배양할 수 있다(최충익, 2011).

기후 변화가 초래하는 사회 기반시설의 피해는 기반시설을 파괴하고 수명을 감소시킴으로써 사회·경제적 손실과 함께 공공의 안전을 위협하는 요소로 작용하고 있다. 사회 기반시설은 기후 변화에 영향을 받기도 하지만 그 자체로 기후 변화에 적응할 수 있는 도구가 될 수 있으므로 기반시설에 대한 지속적인 모니터링과 안전관리 등을 통해 기후 변화 적응 역량을 강화해야 한다. 기후 변화에 대비한 사회 기반시설의 취약성 평가와 더불어 각 지역의 특성에 맞는 적응 방안을 마련하는 것이 필요하다(명수정, 2012).

2 농업 부문의 기후 변화 영향

도시는 농촌 없이 존재할 수 없다. 많은 사람이 밀집해 살고 있는 도시에서 소비되는 식량을 공급하기 위한 농촌의 역할은 그야말로 절대적이다. 공간구조적 논리로 볼 때 기후 변화가 농업에 미치는 파급 영향은 도시생활에도 직·간접적으로 미칠 수밖에 없다.

기후 변화로 인해 온난화, 농경지 건습 상태 변화, 극단적 기후 사상 발생 빈도 증가 및 이산화탄소 증가 등으로 농업 분야에 영향이 클 것으로 예측되며, 농업 분야의 적응 문제는 국가의 식량안보와도 직결되기에 예민한 이슈에 해당한다.

기후 변화 위협은 농업 분야에서 곡물 수확량 감소로 나타날 수 있다. 특히 식량이 부족한 아프리카의 경우 수백만 명에 달하는 인구가 충분한 식량을 생산하고 구입하는 능력이 저하될 수 있다. 전 지구적으로 볼 때 중위도부터 고위도 지역에서 온도가 적절히 오르면(2~3℃) 곡물 수확량은 증가하고, 온난화가 더 크면 감소할 수 있다. 4℃ 이상에서, 지구적인 식량 생산은 심각하게 영향을 받게 된다는 것이다(Stern, 2008).

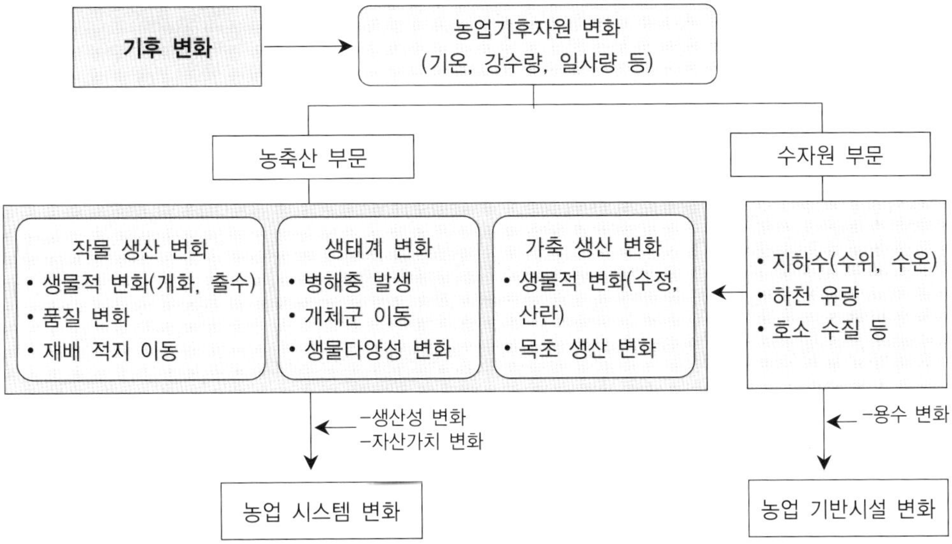

그림 2-5 기후 변화가 농업 부문에 미치는 파급 영향 체계

자료: 지자체 기후변화 적응대책 세부시행계획(KEI, 2010)에서 재인용.

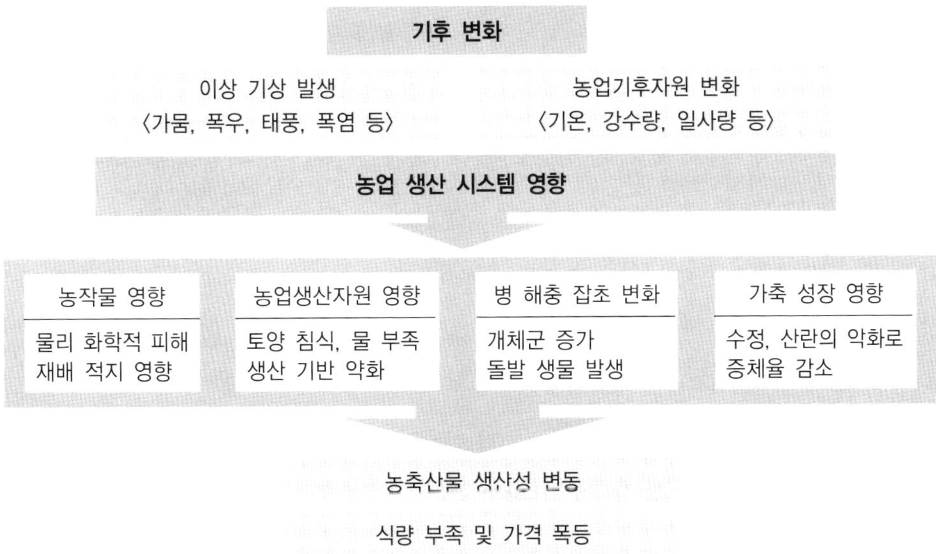

그림 2-6 농업의 기후 변화 영향 과정

자료: 국립환경과학원(2012).

가뭄, 태풍, 폭염, 한파 등 이상 기상의 잦은 발생과 더불어 기온, 강수량, 일사량 등의 급격한 변화는 기후자원의 변동을 초래하여 농업 생산 시스템에 직접적인 영향을 미치게 된다. 농작물에 물리·화학적인 피해를 받아 재배 적지가 영향을 받게 되며, 토양 침식과 물 부족 등 생산 기반이 약화되는 문제가 야기될 수 있다. 온난화에 따른 병해충 증가와 잡초가 번성하게 되며 예측치 못한 돌발 생물이 출현할 수도 있다. 아울러 소나 돼지와 같은 가축들의 수정 및 산란의 악화로 증체율이 감소될 수 있는 우려가 다분히 존재한다. 농업 및 축산 분야에서 우려되는 현상들이 이미 실제 발생하고 있으며 곳곳에서 확인되고 있는 추세이다.

기후 변화 영향은 온도 변화와 속도, 적응 역량, 사회경제적 반응 경로에 따라 달라지며, 시간에 따르는 부문별 영향은 지역별로 달라지게 된다. 작물의 생산성은 재배 작물의 품종이 갖는 유전적 특성과 재배 기술 및 재배환경에 의해 결정된다. 그중 품종과 재배 기술은 육종가와 재배 기술가의 노력으로 많은 발전을 가져오고 있지만, 재배환경은 인위적으로 조절할 수 없는 부분이 많고, 특히 기상환경은 자연 기상 조건에 많이 의존하고 있다.

기후 변화로 인해 지난 100년간 평균 기온이 상승하고, 겨울이 짧아지고 여름이 길어지며 봄꽃 개화 시기가 빨라진 것으로 분석되었다. 이에 따라 농작물 재배 지대가 북상하고 월동 병해충 피해가 증가하는 등 농업 분야에 다양한 영향이 이미 확인되고 있다(환경부, 2010).

기후 변화는 식량 생산 환경에 물리적, 화학적, 생물학적으로 심각한 영향을 미치게 된다. 무엇보다 온난화의 영향은 온도 체계의 피드백을 발생시키며, 그것은 총체적으로 식량 생산 및 산림 부문에서 생태계 변화를 발생시키게 된다. 농지 보전과 안정적인 식량 확보 및 산림자원 보호를 통한 생태계 유지 등과 관련한 기후 변화 적응 문제는 전 세계 도시와 지역이 떠안아야 할 새로운 과제가 되었다.

3 산림 분야의 기후 변화 영향

산림 분야의 기후 변화 영향은 여타 분야와 다르다. 산림은 기후 변화 영향을 받기도 하지만 줄일 수도 있는 역할을 하기 때문이다. 산림은 지구온난화의 가장 큰 원인으로 야기되고 있는 이산화탄소를 광합성작용을 통해 줄기와 토양 등에 저장하고, 벌채된 후에도 부패되거나 연소되지 않는 한 장기적으로 이산화탄소를 저장할 수 있기 때문에 기후 변화에 관련된 연구에서 산림 분야가 가지는 중요성은 더욱 커진다(환경부, 2010).

또한 산림은 증산작용을 통해 기온을 낮추는 등 미세기후 조절 역할로 지구기후 시스템에 기여할 수 있고 수원 함양, 토사 유출 방지, 야생동물 보호, 휴식과 여가 공간 제공 등 인간의 삶에 많은 유익을 주는 공간으로서 매우 중요하게 평가받는다. 일

표 2-1 기후 변화로 인한 산림 분야 영향

구분		영향
산림 생태계	산림생물 다양성	• 생물종의 멸종: 평균 기온 1.5~2.5℃ 상승 시 약 20~30%의 생물이 기후 변화로 멸종 • 식생대 이동: 우리나라 산림기후대는 2℃ 상승으로 서울을 포함한 중부지역이 상록활엽수가 살 수 있는 난대기후대로 변함 • 침입 외래종의 유입 및 확산: 남방계 침입 외래종의 확산 및 경쟁 우위
	산림생물 계절	• 생물계절의 변동: 복철 기온 상승으로 지난 23년간 박새의 빈식 시기는 별로 변하지 않는 반면 식물의 개엽 시기와 곤충 출현 시기는 9일 앞당겨져 이로 인한 박새 개체군이 감소함
	산림생태계 구조와 기능	• CO_2 흡수, 배출량 변화: 유럽지역 2003년 이상고온과 가뭄 현상으로 나무에 스트레스를 주어 생장량이 감소하고, 낙엽층과 토양 유기물의 분해 속도는 빨라져 산림생태계 CO_2를 흡수한 양보다 배출한 양이 더 많았음 • 수자원 함양: 기온 상승으로 산림식생대가 북상하여 상록활엽수림지대가 증가하면서 소나무림 등 침엽수림을 대체하면 수자원 함양 기능의 변화가 예측됨
산림 재해/ 병해충	산불	• 산불 빈도, 강도 증가: A2 시나리오로 산불 발생을 예측할 경우, 캘리포니아 북부 산림에서 산불 발생률이 57%에서 169%로 증가할 것으로 예측됨
	홍수 및 산사태	• 피해 가중: 산사태 피해 등 산림 교란은 서로 상승작용을 하여 피해를 가중시킬 수 있음
	병해충	• 해충 발생 증가: CO_2농도 증가에 따른 식물방어 능력 저하와 영양분 증가, 천적의 섭식량 감소, 생물다양성의 감소, 계절성의 변화 등에 의해 해충 발생 증가
임업		• 산림생태계, 산림생장, 산림재해 등과 같은 산림 관련 부문이 영향을 받으면서 2차적으로 산림을 대상으로 하는 임업이 점차적으로 영향을 받음

자료: IPCC(2007). 국립환경과학원(2012)에서 재인용.

반적으로 기후 변화의 산림생태계 영향은 당장 가시적으로 드러나지 않는 경우가 많지만, 시차를 두고 민감하게 반응할 가능성이 크다. 앞으로 도래할 100년의 기후 변화 속도는 지난 수세기에 걸친 변화보다 더 빠를 것이며, 그 변화가 종과 생태계에 대한 주요한 위협 요소가 될 것이라는 것이라는 견해가 오래전부터 존재했다(Peters & Darling, 1985; Crowley & North, 1988; 국립환경과학원, 2012 재인용).

기후 변화가 산림 분야에 미치는 영향 인자에는 직접적 영향과 간접적인 영향으로 구분된다. 직접적 영향은 이산화탄소 농도가 증가하거나 기온 및 강수량 변화이며, 간접적인 영향은 기후 인자의 변화와 이들 간 상호작용, 무생물적 요소와 생물적 요소 간 상호작용에 의해 나타나는 영향이다.

산림 분야에 영향을 주는 기후 변화 인자는 대기 내 이산화탄소 농도 증가, 기온 변화, 강수량 변화, 무생물적 교란, 생물적 교란 등이 있으며, 이와 같은 기후 인자에 의해 산림생태계, 산림 재해 및 병해충, 산림수자원 및 임업 부문에 긍정적·부정적 영향을 미치게 된다.

4 기후 변화가 수자원에 미치는 영향

물은 우리 몸을 구성하는 생명 요소일 뿐만 아니라 지구의 70%를 차지하고 있는 핵심 공간이기도 하다. 기후 변화는 연안과 대양의 물리, 생물, 지화학적 특성을 변화시킴으로써 생태적인 구조와 기능(연안과 해양생태계의 생물다양성과 생산력, 지속가능성 등)뿐 아니라 해양에서 공급되는 모든 산물에 영향을 미친다. 해양생태계는 기후 변화에 특히 취약하다. 해수 온도가 2℃ 상승할 경우 생물종의 약 15~40%가 잠재적으로 멸종에 처할 수 있다고 분석된다. 그리고 이산화탄소 수준 증가의 직접적인 결과인 해양 산성화는 어류량에 부정적인 결과를 미치며, 바다 생태계에 주요한 영향을 미칠 것이라는 전망이 지배적이다(환경부, 2010).

기후 변화로 인해 해양·수산 분야에 미치는 영향은 대기 중 이산화탄소 농도 증가 및 온도 상승 등에 의한 수온 상승, 해수면 상승, PH 감소, 파고 증가, 해류의 변화 등의 1차적 영향과 이에 의해 유발되는 생태계 먹이망 구조 변화, 유해생물의 이상 발생과 외래종 유입, 어류자원 변동 등의 2차적 영향으로 나눌 수 있다. 바닷물과 해양생태계는 기후 변화에 가장 취약한 곳 중 하나이다. IPCC(2007)는 100년 후 기후 변화가 가속화되어 평균 기온이 최대 6.4℃, 해수면이 최대 59cm 상승될 것으로 예측하면서, 우리나라 주변 해역의 평균 수온 상승이 연간 0.033℃(지난 41년간 1.35℃ 상승)할 것으로 예측했다. 이는 전 세계에서 가장 빠른 수온 상승에 해당하며, 이에 따라 기후 변화에 따른 해양환경 및 생태계의 변화로 생물기후대의 이동 등이 예상되고 있다(Stern, 2008; 국립환경과학원, 2012). 수산양식업의 위기는 해수 온도 상승에 기인한다. 수온 상승으로 난대성 어종이 북상하는 반면, 명태 등 한류성 어종이 감소하며 기존 양식업의 위기와 동시에 난대성 어종의 양식 기회를 제공하기도 한다.

[그림 2-7]은 「스턴보고서(Stern Review)」에 제시된 2100년 세계 강우 분포를 보여준다. 희게 표시된 부분은 강우량이 증가하는 지역을 나타내며, 검게 표기된 부분은 강우 감소에 따르는 물 부족이 예상되는 지역들이다. 국가별 강수량에 대한 정확한 정보는 제공하고 있지 않지만 위도에 따른 국가들의 강수량 변화는 확연하게 파악된다. 해수면 상승과 더불어 강우 패턴 변화에 따른 하천관리 문제는 또 하나의 물관리 과제로 남는다. 최근 기후 변화로 인한 가뭄 및 극한 홍수 등 물문제가 심각해지고 있어 체계적인 수자원관리를 위한 수자원 기초 자료 확보가 필요한 시기이다.

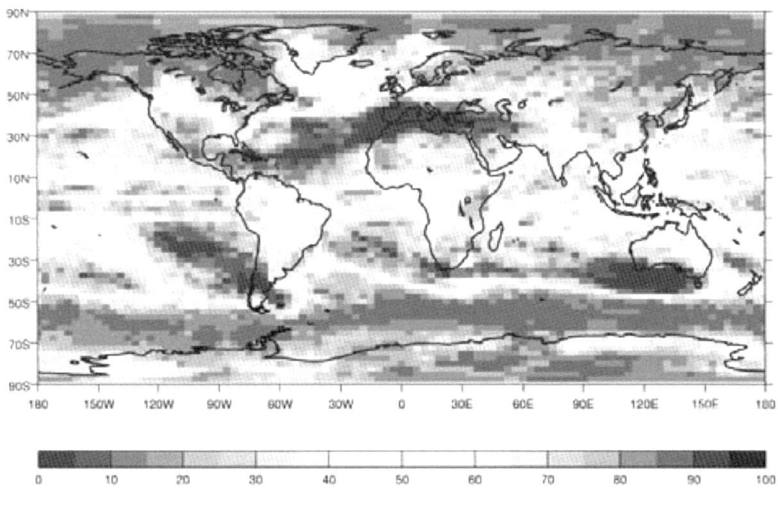

그림 2-7 2100년 세계 강우 분포

자료: Stern(2008).

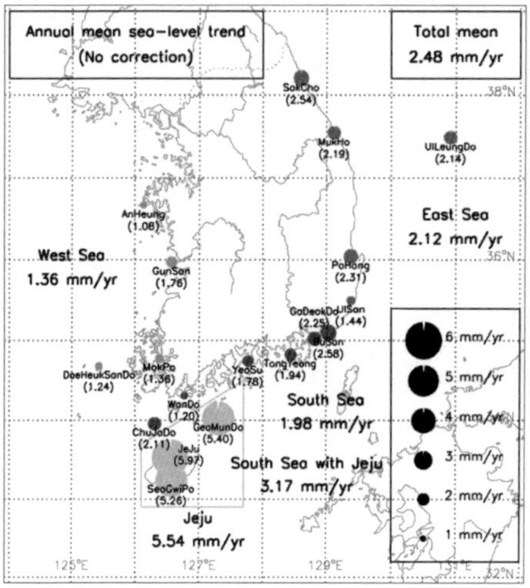

그림 2-8 연평균 해수면 변동률 분포도

자료: KEI(2011).

그림 2-9 2100년 우리나라의 침수 예상지역

자료: KEI(2011).

기후 변화의 영향을 공간계획적 관점에서 볼 때 연안지역은 특별관리 대상이 된다. 기후 변화의 영향은 기본적으로 전 지구적이지만 구체화되어 나타나는 공간 단위는 바로 도시와 지역이다. 기본적으로 전 지구가 기후 변화 위험에 노출되어 있지만 각별히 주의를 필요로 하는 곳이 존재한다. 바로 연안도시이다. 연안도시는 바다에 인접해 있기 때문에 해수면 상승에 따른 영향을 직접 받기도 하며 각종 해양재해의 직접적인 피해 공간이 되기 쉽다. 그 때문에 해안도시 기본적으로 내륙도시에 비해 기후 변화에 취약하다. 해안도시의 기후 변화 취약성과 이에 대한 적응대책 수립이 이루어져야 할 필요가 있다. 기후 변화에 따르는 다양하고 예측 불가능한 자연재해 발생에 신속하게 대응하며 가이드라인에 따른 일관성 있는 대처를 통해 도시 기능의 안정성(stability)을 확보할 필요가 있다.

기상청 자료에 따르면 우리나라는 2050년까지 전 해상 평균 27cm 상승할 것으로 예상되며, 침수 및 해일 등으로 인한 연안지역의 경우 더 극심한 재해 피해 증가가 우려된다.

KEI(2010)는 해수면 상승으로 2050년에는 우리날 주변 해안의 사빈(砂濱: 모래가 깔려 있는 바닷가) 30% 이상이 소실될 것으로 전망하고 있으며, 해일 등 위험기상 강도 역시 커져서 동해안의 연안 침식이 심화될 것으로 예측하고 있다. 해안별로는 동해안이 34.9cm로 가장 많이 상승하며, 남해안 23.4cm, 서해안 22.8cm씩 상승할 것으로 전망된다. 해수면 상승으로 인한 국토 면적 감소 현상이 가시화될 수 있으며 해일 등 위험기상 출현 빈도와 강도가 급증할 것으로 전망된다(기상청, 2011).

5 기후 변화가 건강 분야에 미치는 영향

기후 변화는 사람들의 생활과 더불어 건강에 직·간접적으로 영향을 미친다. 최근 기후 변화가 건강에 미치는 영향에 대한 관심이 크게 늘고 있으며, 국내에서도 부분적으로 연구가 수행되고 있다. [그림 2-10]은 온도 변화에 따른 사망자 수 추이를 나타내고 있다. 모두 U자형 곡선을 보이고 있으며, 2005년에 비해 2050년 곡선이 우측으로 이동했음을 확인할 수 있다.

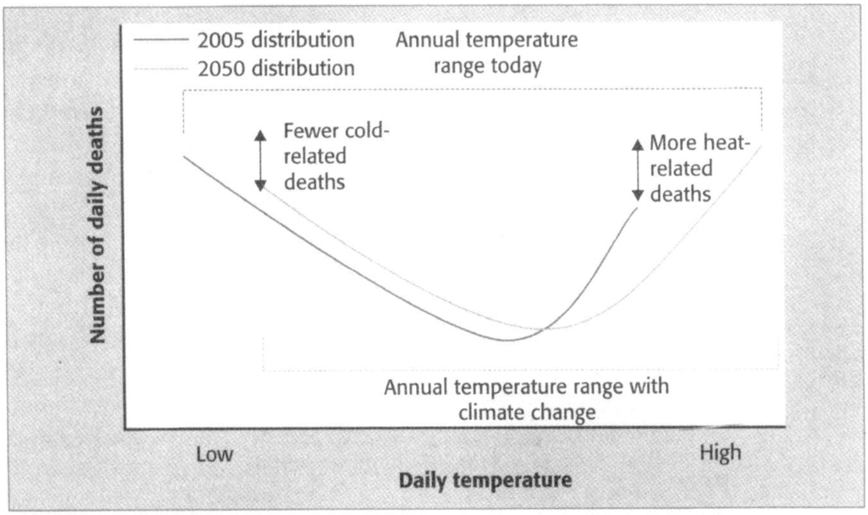

그림 2-10 2050년 기온 상승에 따른 예상 사망자 패턴

자료: Stern(2008).

이는 추위로 인한 사망자는 감소하고 열로 인한 사망자가 늘어날 것임을 보여준다. 이 같은 패턴은 일상생활에서 열대야 지수 상승과 폭염의 횟수가 잦아지는 것을 통해서도 짐작할 수 있다. 이 같은 열 스트레스 증가 현상은 특히 노인, 환자 등 취약계층의 기후 변화 적응을 더욱 어렵게 한다.

고위도에서 추위와 관련한 사망은 감소할 수 있다. 하지만 기후 변화는 영양실조와 열 스트레스로 인한 세계적인 사망을 증가시킬 것이라는 전망이다. 효과적인 제어 조치가 시행되지 않는다면 말라리아와 뎅기열(dengue fever) 같은 병원균이 옮기는 질병은 더 광범위해지며 한반도를 큰 위험에 빠뜨리게 할 우려도 높다.

[그림 2-11]은 세계보건기구(WHO)가 기후 변화로 인해 늘어나는 사망자를 예측한 것이다. 후진국과 선진국 간 존재하는 사망자 수 차이가 극명하게 나타나고 있다. 「스턴보고서」는 에이즈와 암과 같은 질병으로 인한 사망자 증가는 기후 변화와 직접적인 연관성은 없으나 설사, 말라리아, 영양실조와 같은 사망 원인은 기후 변화로 인해 급증할 것으로 전망한다.

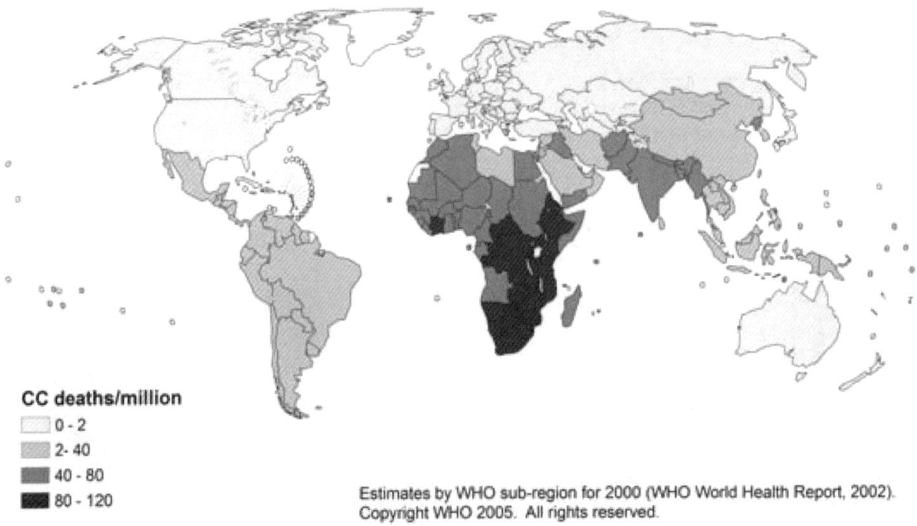

그림 2-11 기후 변화로 인한 예상 사망자 증가

자료: Stern(2008).

IPCC(2007)와 WHO(2008) 역시 기후 변화에 따른 건강 영향에 대해 지역별 차이가 존재함을 지적한다. 특히 IPCC의 경우 자외선과 알레르기에 대한 인류의 위험을 경고하고 있으며, WHO의 경우 도시 내 폭염이나 물 부족에 따르는 건강 영향을 집중적으로 경고한다. 두 기관 모두 향후 기온 상승에 따라 말라리아나 뎅기열과 같은 열대 전염병이 늘어날 것이며, 모기의 증가에 따라 그 확산의 정도가 더욱 심해질 수 있음을 우려한다.

국내의 경우 기후 변화에 따른 건강 영향 인자를 국가기후변화 적응대책(2011~2015)에서 언급하고 있으며, 보건복지부와 환경부를 비롯한 관련 중앙부처에서 관련 계획을 수립하여 대비하고 있다. 기후 변화 적응을 주로 담당하는 환경부와 건강 부문에 대한 주무부처인 보건복지부가 다소 중복적인 정책을 추진하고 있어 이에 대한 대책이 필요한 상황이다.

기후 변화에 따른 건강 적응정책 수립을 위해서는 다양한 건강 영향 인자에 대한 정량적 예측과 평가가 불가피하다. 기후 변화에 따라 건강에 영향을 미칠 수 있는 요인은 사회적 · 경제적 · 환경적으로 매우 다양할 뿐만 아니라, 건강 영향을 미치는 과정 또한 복잡하여 인과 관계에 대한 체계적인 연구가 지속적으로 이루어질 필요가 있다.

기후 변화의 최종적인 피해는 사람들의 사망과 질병 등 건강 영향으로 이어지므로 기후 변화에 따른 건강 영향을 평가하고 취약 요인이 무엇인지 파악함으로써 이에 따른 적응 및 저감하기 위한 정책적 · 기술적 수단을 개발하는 것도 주요 관건이다.

하지만, 기후 변화가 장기적인 현상으로 건강에 영향을 미치기 때문에 단기간에 이루어지는 인과 관계 파악보다 훨씬 어려운 한계가 있다. 또한 기후 변화로 인한 건강 영향의 요인과 영향 경로가 다양하고 복잡하며 정량화하기 어려운 측면이 있다. 아울러 장기적인 자료 축적이 미진하며, 특히 건강 영향과 관련된 자료 확보가 어려운 측면이 있다. 지금까지 개별 환경 요인에 의한 상관성 연구에 중점을 둔 한계가 있었으며, 구체적 적응대책에 대한 연구가 미흡한 실정이다. 따라서 향후 기후 변화에 따른 건강 영향 전반에 대한 종합적 대책 수립을 강구할 필요가 있으며, 부처별 경쟁적인 기후 변화 건강 영향 및 적응 연구, 정책 추진의 일관성 및 중복성 문제를 해결할 필요가 있다.

제 3 장 기후 변화 취약성의 다이내믹스

1 기후 변화 위기의 변동성

독일의 유명 기후 변화 연구기관인 Germanwatch(2012)가 해마다 발표하는 Global Climate Risk Index 2013에서는 최근 20년간 자료를 분석하여 전 세계 기후 변화 관련 자연재해 취약성지수를 보고했다. 이 지수는 재해로 인한 사망자와 국내총생산(GDP) 대비 자연재해 피해액 자료 등을 변수로 활용하여 산정했는데, 보고서에 의하면 아시아 지역이 대부분 기후 변화에 취약한 것으로 나타난다([그림 3-1] 참조). 특이한 것은 북한의 경우 전 세계 7위로 나타나 기후 변화에 매우 취약한 것으로 나타났으며, 무엇보다 경제적 피해가 가장 큰 영향을 미친 것으로 나타난다.

우리나라의 경우 59위를 기록했는데 피해 규모는 크지만 GDP 대비한 피해액이 적어 순위가 높아지지 않았다(<표 3-1> 참조). 우리나라도 2011년 지수에서는 자연재해 사망자가 많아 27위를 차지한 바 있다. Germanwatch(2012)는 기후 변화 리스크를 줄이기 위해 자연재해에 대비한 사회적 역량을 향상시키고 체계적으로 대비할 필요성이 있음을 역설한다.

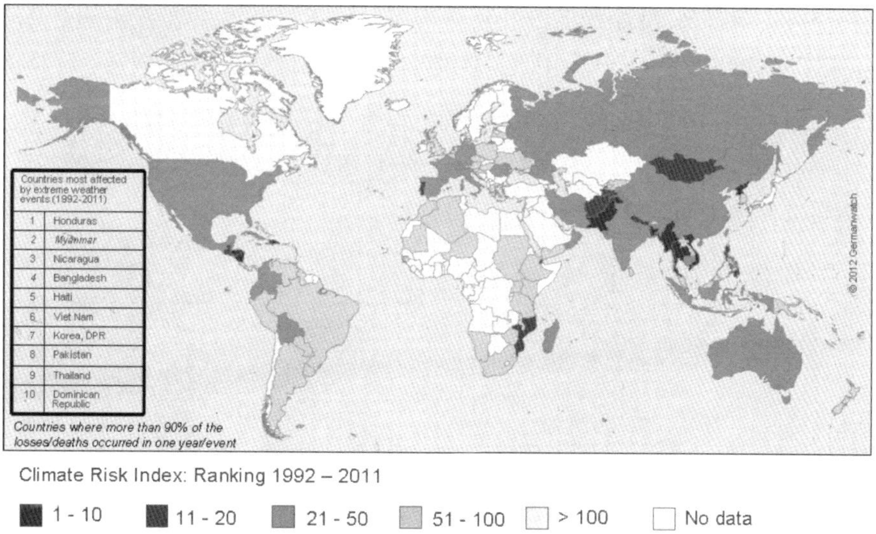

그림 3-1 전 세계 기후변화 취약성지수(CRI) 현황(1992~2011)

자료: Germanwatch(2012), Global Climate Risk Index 2013.

표 3-1 기후 변화 위험 상위 10개 국가(1992~2011)

CRI 1992~2011 (1991~2010)	Country	CRI score	Death toll	Deaths Per 100,000 inhabitants	Total losses in million US$PPP	Losses per unit GDP in%	Number of Events(total 1992~2011)
1(3)	Honduras	10.83	329.25	4.96	679	2.84	60
2(2)	Myanmar	11.00	7,137.25	13.79	640	1.41	37
3(4)	Nicaragua	18.50	160.0	2.82	223	1.89	44
4(1)	Bangladesh	20.83	824.4	0.58	1,721	1.18	247
5(5)	Haiti	21.17	301.1	3.43	148	1.08	54
6(6)	Viet Nam	23.67	433.15	0.55	1,741	1.06	214
7(9)	Korea, DPR	26.00	76.65	0.33	3,188	7.64	37
8(8)	Pakistan	30.50	545.9	0.38	2,183	0.73	141
9(55)	Thailand	31.17	160.4	0.26	5,413	1.38	182
10(7)	Dominican Republic	31.33	211.6	2.47	185	0.35	49

자료: Germanwatch(2011), Global Climate Risk Index 2012.

기후 변화는 홍수와 가뭄뿐만 아니라 혹한 및 혹서와 같은 극한 기상 현상으로 인한 피해도 아울러 증가시킨다(IPCC, 2012). 지진과 화산 폭발과 같은 자연재해는 1950년 이래 일정한 반면 기후 관련 재해는 큰 폭의 상승 추세를 보이고 있다. Germanwatch(2006)는 이 같은 현상이 기후 변화에 의한 자연재해 발생 가능성이 높아지고 있다고 주장한다.

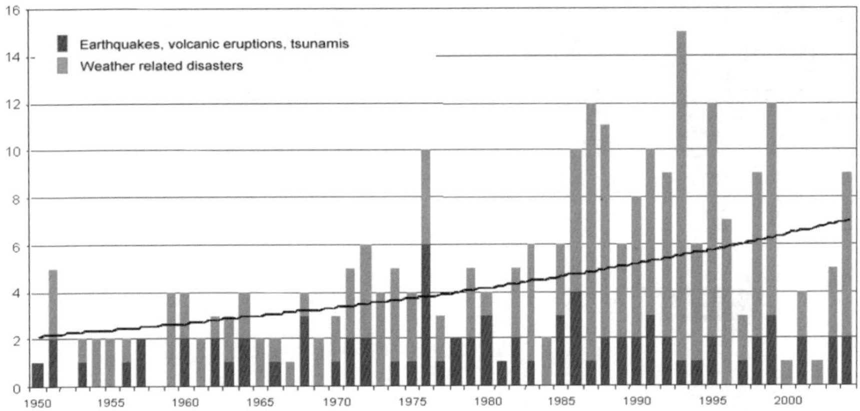

그림 3-2 세계 대형 자연재해 발생 유형(1950~2004)

자료: Germanwatch(2006), Global Climate Risk Index 2007.

2 환경 개선 능력의 변동성

미국 예일대학교의 환경정책연구센터(Yale Center for Environmental Law and Policy)에서 발표하는 환경성능지수(Environmental Performance Index: EPI)는 국가별 환경 개선 노력을 계량화하여 평가하는 지수로 2년마다 보고되고 있다.

EPI는 2005년도 환경지속가능성지수(Environmental Sustainability Index)를 개선하여 2006년부터 발표되기 시작했는데 기후 변화 및 환경과 관련하여 권위 있는 국제 지표로 알려져 있다. EPI 지표의 구성 현황을 보면 환경건강(Environmental Health) 부문이 30%이며, 생태활력(Ecosystem Vitality) 부문이 70%의 비율로 짜여

져 있다.

특히, 2012년 EPI는 환경 개선 변화에 초점을 두고 지수가 산정되어 이전 수치 및 순위와 차이가 있다. 급격한 환경 개선을 이룬 국가로는 태국, 슬로바키아, 아일랜드 등이 10위 내의 순위에 들었으며, 환경 개악이 이루어진 국가로는 이라크, 쿠웨이트, 사우디아라비아 등 중동 국가들이 포함되어 있다. 한국은 43위에 기록되어 있으며, 최근의 환경 개선 추세를 반영한 Trend EPI Rank에서는 13위를 기록하여 최근 환경에 대한 관심과 투자가 활발하게 이루어지고 있음을 반영하고 있다.

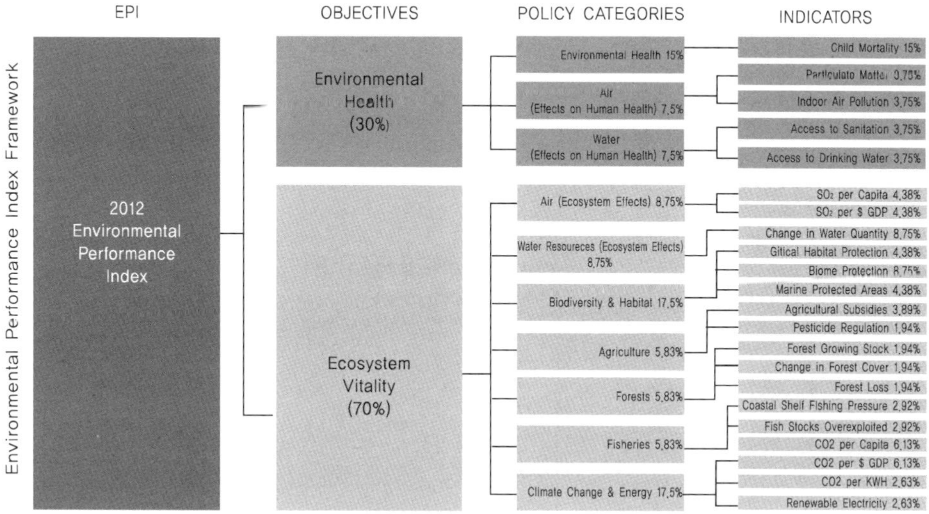

그림 3-3 EPI 지표 구성 현황

자료: Yale University(2012).

환경건강 부문과 생태활력 부문에 대한 국가 간 Trend EPI Rank 비교표를 보면 흥미로운 사실을 발견할 수 있다. [그림 3-3]에서 가로축이 현재의 EPI 상태이고 세로축이 최근 환경 개선 추세를 나타낸다. 한국의 경우 현재 상태의 생태활력 부분은 다소 낙후되어 있으나 최근 환경 개선을 위한 노력이 긍정적으로 나타나고 있음을 알 수 있다. 환경건강 부문의 경우는 현재와 최근 추세 모두 양호한 상태를 보이고 있다.

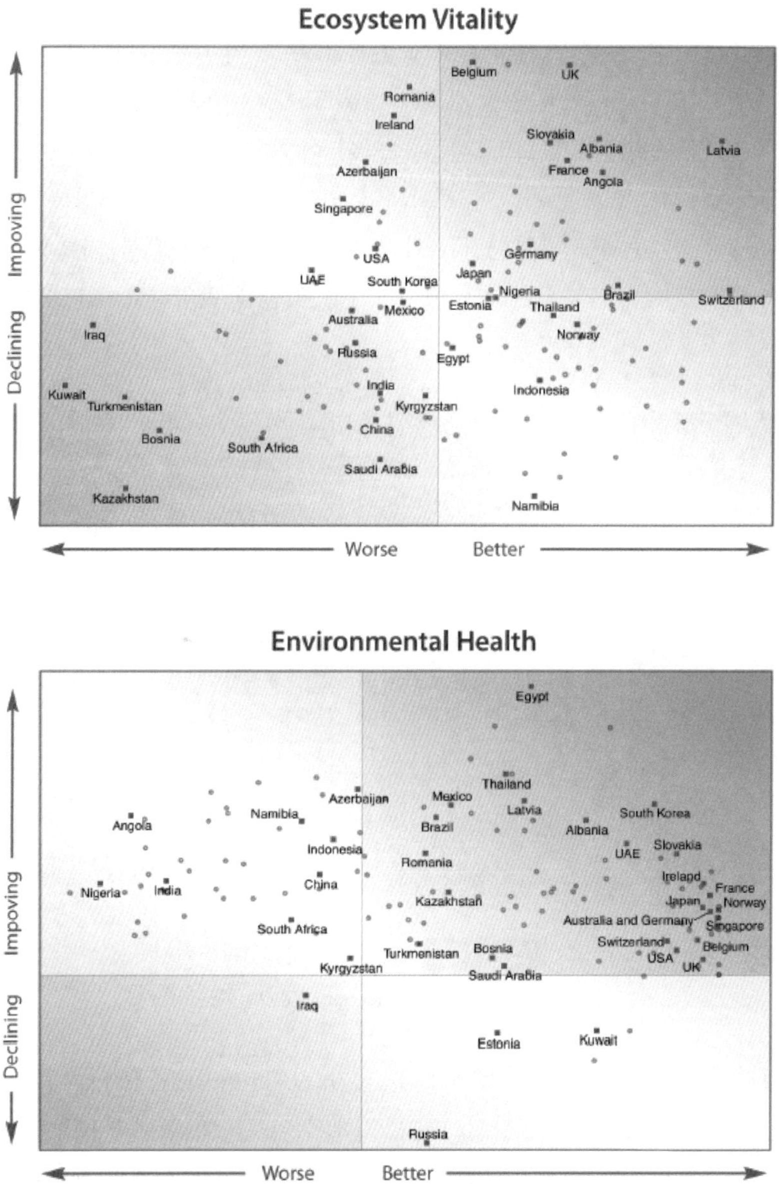

그림 3-4 국가 간 환경 개선 비교도

자료: Yale University(2012).

3 기후 변화 취약성의 변동성

한편, 컬럼비아대학 부설 국제지구과학정보 네트워크센터(Center for International Earth Science Information Network: CIESIN)의 연구 결과에 의하면, 한국이 물리적 조건과 국가별 기후 변화 대처 역량 등을 종합해 매긴 기후 변화 취약성(climate change vulnerability) 순위에서 조사 대상 100개국 가운데 20위를 기록했다. CIESIN이 유엔 정부간 기후변화위원회(IPCC)의 의뢰를 받아 실시한 조사에서 지구온난화에 가장 잘 적응하는 국가로 북유럽 부자 나라들이 선정되었다.

CIESIN이 산정한 물리적 여건에 해수면 상승 위험이 포함되어 해안선이 긴 국가일수록 취약해진다는 점이 고려되었다. 노르웨이, 핀란드, 스웨덴, 스위스와 캐나다 국민들은 높은 점수를 얻어 온난화에 대한 걱정을 덜 해도 되는 것으로 나타났다. 이들 대부분의 국가는 예상되는 온난화 피해를 줄일 수 있는 경제적 능력이 충분한 데다, 지구가 더워지면 오히려 농경지가 늘어나는 반대급부를 누릴 수 있어 취약하지 않은 국가로 분류되었다.

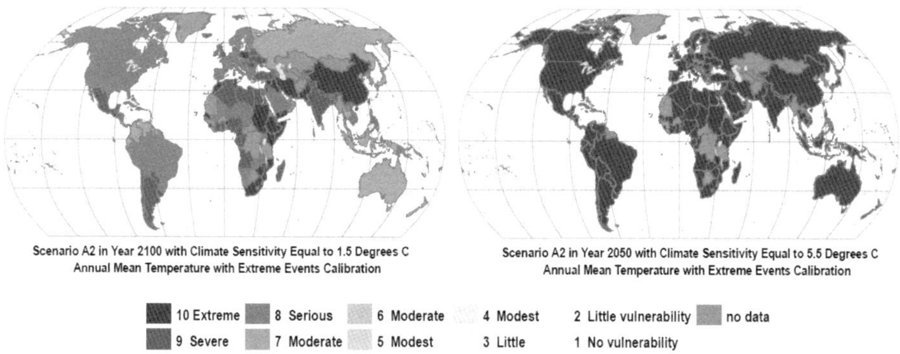

그림 3-5 2100년 기후 변화 취약성 분포

자료: CIESIN(2006).

기후 변화 시나리오에 따라 정도의 차이는 있지만 대부분의 국가가 기후 변화로 인해 위험 정도가 높아지고 취약해짐을 알 수 있다. 특이한 사항은 기후 변화의 위험성과 취약성을 고려했을 때에는 북미 및 유럽 선진국들 모두 위험한 것으로 나타나지만 적응 능력을 고려했을 때에는 취약지역이 아프리카와 동아시아 국가들로 좁혀진다는 점이다.

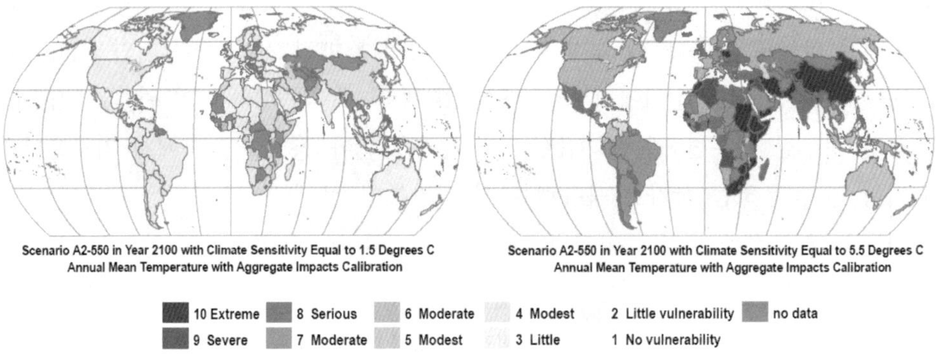

그림 3-6 2100년 기후 변화 적응 능력을 고려한 취약성 분포

자료: CIESIN(2006).

네덜란드는 국토가 저지대에 있어 해수면 상승의 피해가 우려되지만, 이미 국가 차원의 적응 시스템이 잘 갖추어져 있어 14위로 분류되었다. 중국은 중위권인 52위를 차지했으며, 인도는 74위로 나타나 기후 변화에 취약한 나라로 평가됐다. 무엇보다 온난화로 인한 재앙에 가장 심하게 노출된 국가는 대부분의 아프리카 나라들이었다. 해안선이 긴 서부 아프리카의 시에라리온은 조사 대상 100개국 중 가장 취약한 나라로 꼽혔다. 아시아의 방글라데시 역시 국토가 저지대에 있는 데다 경제력이 약해 취약지역으로 분류되었으며, 르완다, 에티오피아, 모잠비크, 소말리아가 95~98위를 차지했다. 역설적인 사실은 어쩌면 온실가스 배출에 가장 책임이 덜한 아프리카 저개발국가와 동아시아 국가들이 기후 변화로 인해 가장 큰 피해를 보고 있다는 사실이다.

4 환경취약성지수의 변동성

South Pacific Applied Geoscience Commission(SOPAC)과 United Nations

Environment Programme(UNEP)이 공동으로 개발한 환경취약성지수(Environmental Vulnerability Index: EVI)는 환경과 관련한 광범위한 변수들을 대상으로 취약성 평가를 통해 지수화하고 있다(SOCAP & UNEP, 2005). 환경취약성지수는 국가 간 비교가 용이하며 국가 및 지역 간 취약성 변동 요인을 용이하게 살펴볼 수 있는 구조를 가지고 있다. 무엇보다 사회경제적 변수를 많이 포함하고 있어 개도국들의 지속 가능한 개발 과정을 점검하는 목적으로도 활용된다.

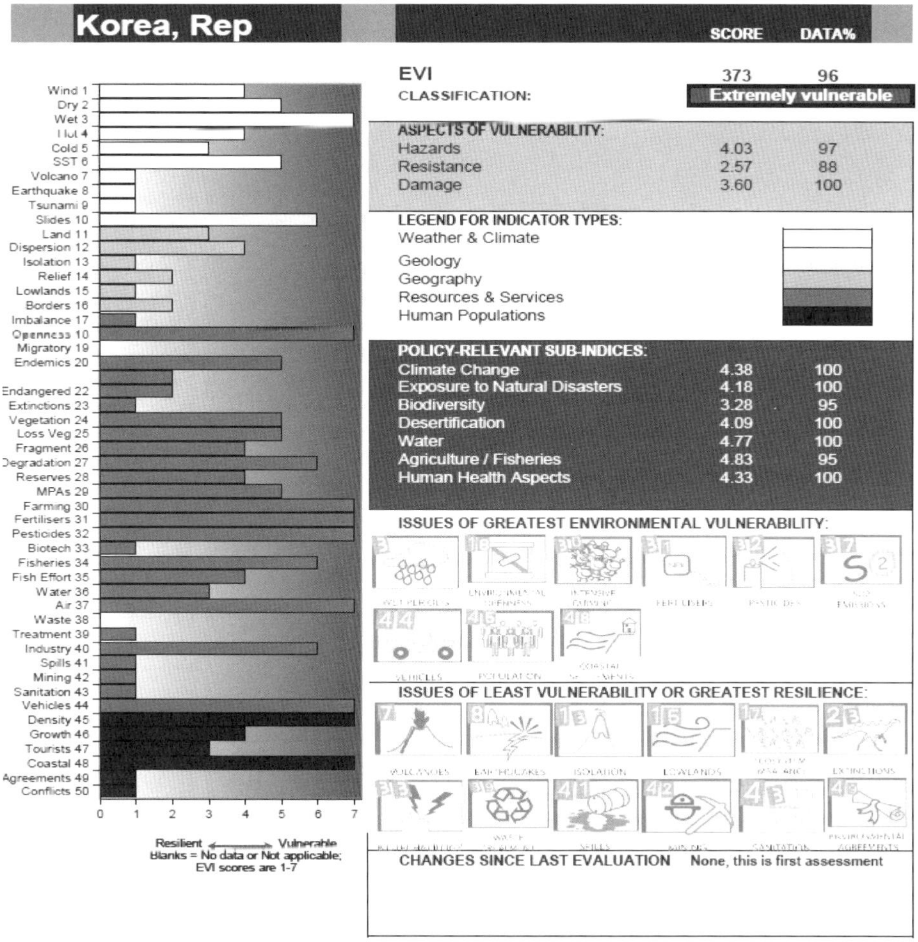

그림 3-7 한국의 환경취약성지수 결과

자료: SOCAP & UNEP(2005).

EVI는 50개의 세부 지표를 활용하여 산정되며 기후 변화, 자연재해 노출, 생물다양성, 사막화, 수자원, 농수산업, 건강 등의 7개 부문으로 구분된다. 세계의 EVI 분포 현황을 살펴보면 특이한 사항을 발견할 수 있다. 취약성의 관점은 재해 발생(hazards), 대응 능력(resistance), 재해 피해(damage) 항목으로 구분되어 산정된다. 흥미로운 것은 아프리카 일부 지역이 유럽이나 아시아 선진국보다 취약성 여건이 나은 것으로 나타난다는 점이다. 게다가 북한의 환경취약성지수가 남한보다 더 나은 것으로 나타나 신뢰성에 의문이 제기된다. 이 같은 결과는 앞서 나타난 CRI 지수와 정면으로 배치된다.

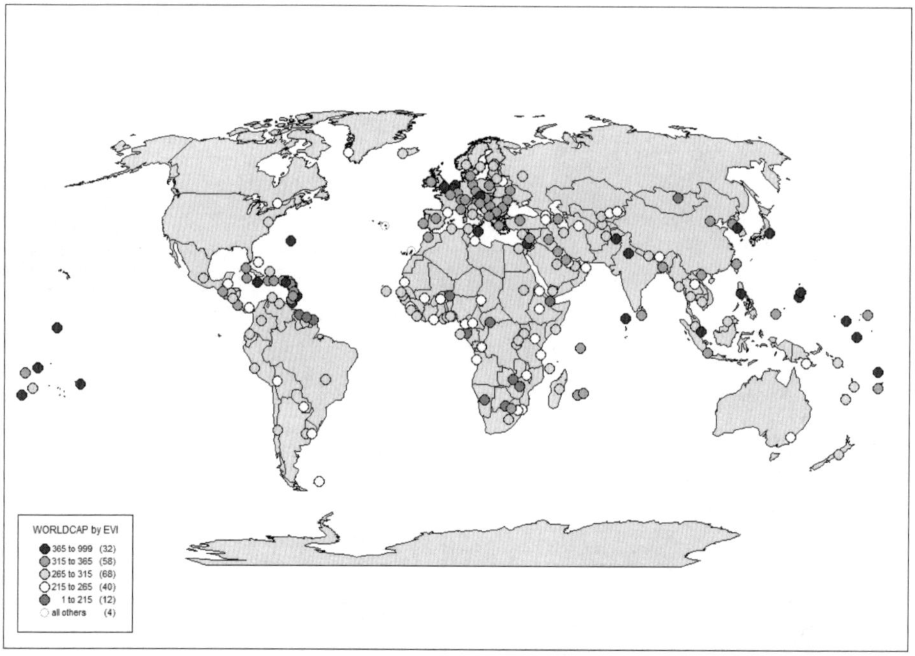

그림 3-8 세계 EVI 지표 분포 현황

자료: SOCAP & UNEP(2005).

한국의 경우 극도 취약(extremely vulnerable)으로 나타나 전체 235개국 중 6위에 해당할 만큼 취약성이 높게 나타났다. 이 같은 결과는 아프리카와 북한 등 일부 국가들의 세부 지표 데이터가 누락된 데 따른 것으로 실제 취약성과는 거리가 있는 것으로 판단된다. 때문에 맹목적으로 지수값을 신뢰하고 국가 간 취약성을 비교하는 것은 주의해야 할 필요가 있다.

5 기후 변화 시나리오의 변동성

세계 유수의 기후 변화 연구기관들이 제시한 기후 변화 관련 지수들은 모두 기후 변화 시나리오에 기반을 두고 있다. IPCC 4차 보고서가 발표된 2007년까지는 모두 A1B 시나리오에 기초하여 산정된 결과들이 대부분이다. 시나리오가 바뀌면 관련된 기후 변화 위험 지수도 모두 바뀌게 된다. 이 같은 시나리오의 변동성은 국가 간 내지 지역 간 기후 변화 취약성의 변동성에 많은 영향을 미치게 된다. 이들 시나리오의 공통점은 미래의 불확실한 상황을 가정하고 있다는 것이며, 미래 사회에 발생할 수 있는 각 요소들에 대한 정량화를 통해 시나리오를 산정한다. 기후 변화 영향을 평가하기 위한 미래 시나리오 산정 기법은 크게 두 가지로 구분될 수 있다. 첫째는 지구 복사력 수준에 기초한 RCP(Representative Concentration Pathways) 시나리오이며, 둘째는 저감 및 적응 능력을 고려한 사회경제적(socio-economic reference pathway) 시나리오이다(국립환경과학원, 2012).

비교적 최근 등장한 RCP 시나리오는 IPCC 5차 평가보고서에서 소개되었는데, 인간 활동이 대기에 미치는 복사량으로 온실가스 농도를 정하고, 온실가스 농도를 네 가지 2.6, 4.5, 6.0, 8.5를 대표로 사용한다. RCP 시나리오에 따르면, 우리나라의 기후 변화는 RCP 4.5와 8.5 모두 기온 증가 경향을 나타낸다. 반면 강수량의 증가율은 낮게 나타나며, 21세기 후반부에 두 시나리오에서 각각 현재 대비 15.5%, 18.7% 증가하는 경향을 보인다.

SSP 시나리오(Shared Socio-economic Pathways)는 세계의 전반적인 개발 패턴과 영향, 적응 및 저감과 관련된 서술적이고 정량·정성적인 가정들로 정의된다. 이러한 가정은 통합 평가 모형을 구동하기 위해 필요한 일반적인 입력 자료들을 포함한다. 이 시나리오를 구축하기 위해서는 기후 정책이 개입되지 않는다는 가정 하에 SSP를 바탕으로 한 기준 시나리오(reference scenarios)와 주어진 RCP 수준에 도달하기 위해 요구되는 기후 정책들을 함께 고려한 시나리오를 폭넓게 검토하는 것이 바람직하다(Arnell et al., 2011).

미래 시나리오를 구성하는 두 가지 축은 SSP 시나리오와 RCP로 구분해 볼 수 있다. RCP는 기본적으로 기본적인 물리적인 가정을 포함하고 적응정책 관련 정보는 거의 제공하지 않기 때문에 정책대안을 고려할 때는 저감과 적응정책의 추가적인 정보를 가지고 있는 SPA(Shared climate Policy Assumptions) 시나리오를 선호한다(Arnell et al., 2011).

RCP와 SSP의 조합으로 미래 시나리오를 완성하기 위해서는 적응 또는 저감정책에 대한 추가적인 가정이 요구되는 시나리오가 SPA이다. SPA는 기후정책 유형의 특징을 가지며, 주어진 RCP에 도달하기 위한 기후정책과 관련하여 가정된 상황들을 만들어 낸다. SPA는 RCP 기준 정도를 넘는 가정의 주요한 요소들을 카테고리화하려는 시도라고 볼 수 있다.

기후 변화 취약성 및 위기를 표현하는 국내외의 다양한 지수와 지표들이 등장한다. 여기서 주목해야 할 것은 특정 기관이 제시하는 특정 지표에 대해 과도한 신뢰를 주는 것을 주의할 필요가 있다. 왜냐하면 지수 간 정반대의 결과를 보이는 현상도 다반사로 나타난다. CRI에서는 북한이 극도로 위험하고 남한은 상대적으로 안전한 것으로 나타지만 EVI에서는 북한보다 남한이 위험한 것으로 나타난다. 주목할 것은 동일 지역에 대한 기후 변화 취약성 평가가 매우 역동적인 양상을 보인다는 점이다.

지수는 태생적으로 미래 사회에 대한 불확실성을 고려하는 방식에 따라서 큰 차이를 보이게 된다. 기후 변화 취약성을 설명하는 지표 역시 본질적으로 불완전할 수밖에 없다. 지수와 지표에 대한 국가, 지역, 도시의 활용이 절실하지만 맹목적으로 이루어져서는 안 되겠다. 우리나라의 경우도 기초지방자치단체 수준에서 기후 변화 적응세부시행계획을 수립하도록 되어 있기에 각급 지방자치단체 차원에서 기후 변화 취약성 및 평가에 관한 보고서들이 봇물처럼 쏟아지게 된다. 위험을 알리는 정보의 홍수 속에서 국가 및 지방자치단체 위정자들의 지혜로운 의사결정이 어느 때보다 중요한 시기이다.

제 2 부

기후 변화 도시 대응의 시간적 역동성

제2부는 기후 변화 도시 대응의 시간적 역동성 논의에 초점을 맞추고 있다. 시간적 역동성의 핵심 담론은 기후 변화가 지니고 있는 불확실성에 대한 이해에서 시작된다. 언제 어디서 발생할지 모르는 불확실한 위험을 바라보는 관점에 따라 기후 변화 대응전략은 더욱 역동적 양상을 띠게 된다. 또한 대응전략은 언제나 의사결정 과정을 동반하게 되며, 의사결정자의 위험 성향과 투자 패턴에 따라 역동적으로 변화한다. 기후 변화 대응에 대한 간단한 모델링을 통해 역동적 양상을 구조적으로 접근해 보고자 한다. 아울러 도시 공간에서 발생하는 기후 변화 자연재해가 시간에 따라 어떤 파급 영향을 미치는지에 대해 도시 기능 변화 모델링을 통해 살펴보고자 한다. 마지막으로 기후 변화 연구가 갖는 융합 학문의 특성을 기후 변화 연구의 다이내믹스로 파악하면서 연결망분석을 통해 실증적 접근을 취하고 있다.

제 4 장 기후 변화와 불확실성

1 기후 변화와 시간적 불확실성

기후 변화는 기본적으로 불확실성이 높은 현상이다. 불확실성이 높은 현상에 대한 적응과 대책 수립에는 항상 위험이 따르게 된다. 이 같은 위험과 불확실성에 대한 고려는 불가피하다. 연안도시의 경우 여타 지역보다 기후 변화로 인한 불확실성과 위험이 높은 곳이기에 이 같은 기후 변화 위험과 불확실성에 대한 고려가 필요하다고 판단된다. 이에 따라 여기에서는 위험과 불확실성에 대한 논의에 대해 살펴보도록 한다.

모든 결정은 누군가에게 이익이 생기도록 이루어지며, 어떤 정책을 실시할지 등의 선택을 포함하게 된다. 불확실성이 없는 경우 의사결정은 매우 쉬운 일일 것이다. 그러나 실제 현실 세계는 매우 복잡하며 무언가를 결정하는 일은—불확실성을 포함한—가치 판단을 포함하게 된다. 불확실성의 원인을 밝히고 불확실성이 어떻게 확장되는지 이해하는 것, 의사결정 과정 및 평가를 통해 불확실성을 관리하는 것 등은 전문적인 지식을 토대로 한 의사결정을 위해 필수적으로 이루어져야 하는 부분이다. 모든 의사결정이 의도한 대로 이익을 가져오는 것은 아니지만 어떠한 의사결정이라도 의사결정의 시기에 이용 가능한 지식에 기초를 둠으로써 정당성을 가져야 한다.

2 위험, 불확실성과 확신

위험 평가와 위험 분석의 원리를 소개하기 전에 위험(risk)과 불확실성(uncertainty)의 의미를 명료하게 하는 것은 매우 중요하다. 왜냐하면 사람에 따라 그 의미가 달라질 수 있기 때문이다. 위험이란 보통 인간에게 해로운 위험 요소에 노출되는 결과가 일어날 가능성 및 개연성의 결과로 정의된다. 그러나 위험 평가는 이익이 발생하는 불확실한 결과의 분석에도 동일하게 적용된다.

불확실성은 위험과 관련된 지식의 정도로 표현된다. 불확실성은 위험의 결과와 가능성 모두에 영향을 미친다. 따라서 기후 변화에 의해 발생할 미래의 위험 상황에 대한 우리의 지식은 사람의 활동으로 발생하는 기후 변화에 대한 가능성을 아우르는 개념인 불확실성을 포함하게 된다. 특정한 미래 기후와 관련된 영향 역시 매우 불확실하다. 기후 변화의 영향을 감소시키거나 기후 변화에 따른 기회를 활용하기 위한 결정에 의한 결과 역시 또 다른 불확실성의 원인이 될 수 있다. 한편, 불확실성을 줄이는 연구 목표와 위험에 기반을 둔 의사결정 접근을 선택하는 주요 목적은 불확실성이 의사결정 과정 안에 엄밀하게 반영되고 다루어지도록 하기 위함이다.

또한 나이트(F. H. Knight)의 연구에 의한 의사결정 이론(Tversky & Kahneman,

〈위험과 불확실성의 정의〉

위험: 위험이란 어떠한 결과가 나타날 가능성 및 규모를 종합하여 표현하는 것이다. 따라서 위험은 확실한 현상이 일어날 빈도와 함께 위험 상황의 규모 또한 고려하여 판단하게 된다.

불확실성: 불확실성은 결과와 관련된 지식이 부족한 곳에 존재한다. 불확실성은 위험에 관한 부정확한 지식에 의해 발생한다. 즉, 결과와 관련된 위험 요소의 규모와 가능성이 불확실한 경우이다. 하지만 사건의 가능성과 규모에 대한 정확한 정보가 있는 곳에서도 불확실성이 여전히 존재할 수 있다. 왜냐하면 결과가 확률적으로 결정되기 때문이다.

* '우연의 불확실성(aleatory uncertainty)'이라는 용어는 가능성과 독립된 결과가 정확히 알려진 경우에 사용된다. '지식의 불확실성(epistemic uncertainty)'은 사건의 가능성과 결과가 부정확하게 알려진 경우를 기술하는 데에 사용된다.

자료: UKCIP(2003).

1992), 캐머러와 베버(Camerer & Weber, 1992))에서의 정의를 인지하는 것도 매우 중요하다. 의사결정의 일부는 특정한 결과가 미래에 일어날 것이라는 것을 알고 있는 상황에서 이루어지는 경우가 있다. 이러한 것을 엄밀한 불확실성 하에서 의사결정(decisions taken under precise uncertainty)이라 하며 때때로 위험 하에서 의사결정(decisions taken under risk)이라 언급된다. 그러나 많은 의사결정은 확률적 가능성이 알려지지 않거나 추정이 어렵다. 이러한 경우를 특히 불확실성 하에서 의사결정(decisions taken under uncertainty)이라 한다. 위험은 보통 위의 두 가지 모두에 적용되는 개념이다(Knight, 1921; Morgan & Henrion, 1990)).

위험 평가(risk assessment)는 위험과 관련된 정보와 취약성 및 위험에 노출 정도를 구성하는 과정이다. 위험 분석은 미래에 나타날 일들의 불확실성과 규모, 가능성과 관련된 지식에 의해 이루어지는 과정으로 의사결정자에 의해 수행되고 구성된다. 이러한 위험 분석은 위험 평가와 위험 관리 대안의 평가를 포함한다.

위험 평가는 위험의 가능성을 표현하기 위한 정성적인 기술과 정량적인 기술 및

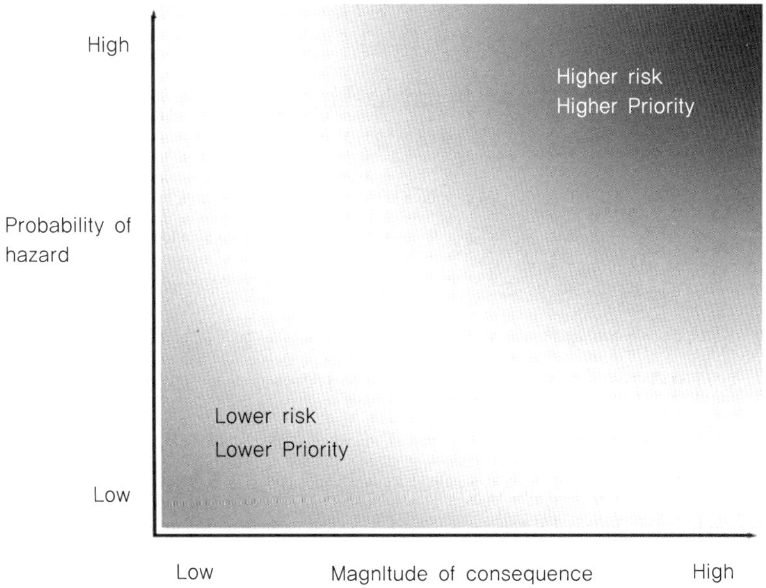

그림 4-1 위험한 사건의 가능성과 결과의 규모에 의한 위험 분류

정보를 포함한다. 두 가지 기술은 모두 어느 정도의 자신감을 가지고 사건의 가능성이 추정된 경우에서의 지식을 표현한다. 정성적인 기술은 특히 위험의 확률에 대한 지식이 부족한 환경에서 유용하게 사용된다. 따라서 위험 평가는 정성적이고 정량적인 정보가 조합되어 이루어진다.

위험과 그 결과는 규모의 차이를 가지게 되며, 예를 들면 규모 10보다 센 바람에 의한 숲의 파괴는 백년에 한 번 일어날 정도의 빈도를 가지게 된다. 이와 같은 위험에 대한 서술은 위험 평가의 형식에 따른 자료 분석으로부터 발생한다. 그들은 관찰되고 역사적인 위험을 기술한다. 이러한 위험 분석의 유용성은 의사결정자에게 미래 위험과 관련된 정보를 미리 제공하는 것이다.

다르게 표현하면, 특별한 환경에서 위험은 예상되는 해당 상황의 성격이다. 결과의 규모와 발생 확률은 모두 불확실한 경향이 있다. 미래의 기후 변화는 불확실하기 때문에 지역별 기후의 다양성은 우연에 따르게 되며, 기후 변화 영향 평가와 적응에 따르는 결정의 평가는 그 정확성이 떨어지게 된다.

위험의 '추정'과 관련된 불확실성의 정도는 자신감의 정도를 반영한다(즉, 불확실성이 적을수록 위험 추정에 대한 자신감은 커진다). 과거에 사건이 일어난 자료가 존재하는 지역은 미래에 사건이 발생할 가능성을 계산할 수 있다. 적합한 자료와 통계적 기술(예를 들면 최대우도법[maximum likelihood])을 이용하면 위험이나 수리적인 가능성과 관련된 불확실성의 정량적인 추정치를 획득하는 것이 가능하다.

그러나 많은 상황에서 위험에 관련된 적절한 자료와 정보는 매우 제한적이다. 그럼에도 불구하고 이용 가능한 정보에 기초하여 위험에 대한 상향 및 하향 한도를 정하는 것은 가능하다. 다른 경우, 위험의 결과와 가능성에 관련된 자신감의 수준에 따라 주관적인 판단을 얻는 것은 유용할 수 있다. 분명히 이러한 주관적인 판단은 불확실하고 불확실성의 범위는 전문가에 의해 인정되어야 하며, 유사한 전문지식을 가지고 많은 경험에 의한 전문가의 판단으로 논의를 통해 추정되어야 한다.

기후 변화에 시간적 불확실성이 존재하지 않는다면 이에 대비하는 정책결정의 어려움도 존재하지 않을 것이다. 하지만, 현실은 기후 변화가 실제 공간에 미치는 영향을 제대로 이해하고 이에 대비하기란 어려운 것이 현실이다. 불확실성은 위험과 관련된 지식의 정도로 표현될 수 있다(UKCIP, 2003). 기후 변화에 의해 발생할 미래의 위험 상황에 대한 우리의 지식은 불확실성을 가지게 되는데, 이 불확실성은 인간의 사회경제적 활동 정도와도 깊이 관련이 있다. 이 불확실성에 대한 효과적 대응은 향후 기후 변화로 인해 발생할 수 있는 위험 상황을 저감할 수 있을 것이다.

사실 어떤 의사결정은 특정한 결과가 미래에 일어날 것이라는 것을 알고 있는 상황에서 이루어지는 경우가 있다(Knight, 1921; Tversky & Kahneman, 1992; Camerer & Weber, 1992). 이 경우 의사결정은 명확한 불확실성 하에서(under precise uncertainty) 의사결정이 이루어지게 되는데, 이를 위험 상황의 의사결정(decisions taken under risk)이라 부른다. 대부분 의사 결정에서 확률을 파악하거나 추정하는 것은 불가능하다. 이를 불확실성 하에서의(under uncertainty) 의사결정이라고 하며, 기후 변화의 불확실성 하에 이루어지는 의사결정은 대부분 이에 속하게 된다(Knight, 1921; Morgan & Henrion, 1990).

기후 변화는 폭우나 가뭄과 같은 기상 이변의 빈도를 변화시킨다. 하지만 미래 발생할 기후 변화의 속도나 정도는 불확실하므로 미래에 대한 의사결정은 기후 변화 위험 분석이나 위험의 변화에 대한 정보를 필요로 하게 된다. 위험 평가는 불확실한 미래의 사건의 가능성을 평가하고 이에 대비한 대응계획을 세우는 데에 중요한 역할을 한다

기후 변화로 인한 위험의 개념은 결과가 일어날 가능성과 그 규모(정도)의 지식이 결합된 것으로 볼 수 있다(UKCIP, 2003). 결국, 불확실성은 의사결정에 중요한 지식이 부족한 상황을 설명한다. 특정 빈도의 홍수 발생 확률과 결과는 추정할 수 있지만 그런 상황이 언제, 어디서 다시 일어날지는 아무도 알지 못한다. 단지 분명한 것은 기후가 변화하고 있다는 것이다(IPCC, 2001). 기후의 변화 정도와 범위는 여전히 불확실하며 이에 대한 지식은 제한되고 불완전하다. 잘 모르기 때문에 더 신중하게 대비할 필요가 있다.

기후 변화가 가지는 높은 불확실성은 특정 재해(particular events)에 대한 발생 예측 정도(knowledge of probability)와 결과 예측 정도(knowledge of consequence)로 표현될 수 있다. 1사분면의 불확실성은 다년간 잘 구축된 자료와 기후 패턴이 예측 가능하게 움직일 경우의 불확실성으로 상대적으로 조절하기 쉬운 특징을 가진다. 예를 들면 재해 현상의 하나인 홍수에 대해서는 그 결과 특성이 매우 잘 알려져 있다. 홍수 빈도와 강도가 증가되는 결과는 불확실성이 크지만 비교적 높은 발생 예측 정도와 결과 예측 정도를 가진다고 볼 수 있다. 이 같은 불확실성은 위험에 관한 숙

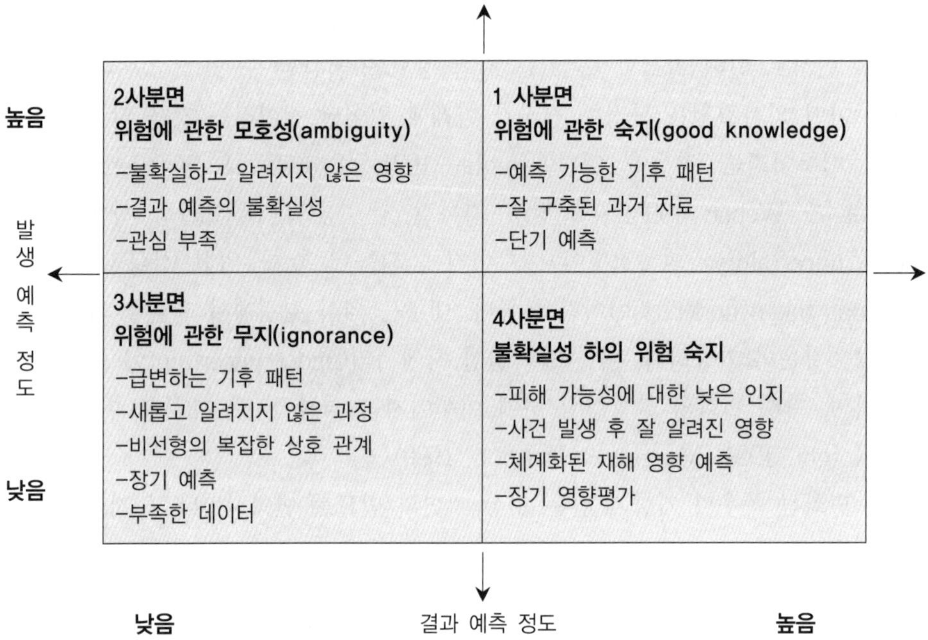

그림 4-2 불확실성의 종류와 대응

자료: UKCIP(2003), 최충익(2011)에서 재인용.

지가 높은 불확실성으로 볼 수 있으며, 지방자치단체의 기후 변화 적응 관련 정책 수립 시 의사결정의 어려움이 상대적으로 적다. 2사분면에 존재하는 불확실성은 발생 예측 정도는 높지만 그 결과와 영향에 대한 예측 정도가 낮은 불확실성을 의미한다. 예를 들어 해수면 상승(sea level rise)의 경우 바다 높이의 상승은 측정 가능하며, 그 패턴 또한 시뮬레이션을 통해 예측이 가능한 부분이 많이 존재한다. 하지만, 이를 통해 발생할 수 있는 영향은 실제 발생하여 침수된 사례가 적기 때문에 결과 예측의 정도는 낮을 수밖에 없다. 기후 변화로 인해 재해 발생 가능성을 충분히 인지하고 있음에도 그로 인해 발생하는 영향에 대한 지식이 낮은 경우이다. 그 때문에 관심이 부족하게 되고, 이에 대한 대비를 소홀히 하는 경향을 가지게 된다. 기후 변화로 인한 재해 발생 가능성이 높음에도 이러한 재해로 입을 수 있는 피해 영향에 대한 분석이 미비할 경우 피해 정도를 과소 평가하게 되어 이에 대한 예방 투자는 제대로 이루어지기 어렵게 된다.

3사분면의 불확실성은 무지(ignorance)의 불확실성이라고 불린다. 기후 변화의 패턴이 매우 복잡하여 예측이 불가능하고 과거 데이터 역시 구축되지 못해 체계적인 발생 예측이 어려운 경우의 불확실성이다. 발생 예측이 어려운 데다가 그 결과에 대한 예측 정도도 낮아 가장 위험한 불확실성으로 구분된다. 언제 발생할지 모르는 불확실성과 발생해도 어떤 영향을 받을지 모르는 지식의 부재는 기후 변화에 적응정책 수립에 가장 걸림돌이 될 수 있다. 4사분면의 불확실성은 불확실성 하의 위험 숙지로 언제 어떻게 발생할지에 대한 예측 정도는 낮지만 발생 후 결과 예측의 정도가 높은 불확실성을 의미한다. 예를 들어 집중호우(flash flood)의 경우 예측에 대한 지식 정도는 낮지만 피해 경험과 과거 데이터 등이 많아 재해 영향 예측은 상대적으로 수월하다. 중앙정부 및 지방정부의 기후 변화 적응 예산 투자에서 2사분면에 비해 복구 투자보다 예방 투자를 할 수 있는 가능성이 높다. 재해 영향이 가시화되고 과거 피해 자료가 존재함으로써 의사결정자의 예산 배분 가능성을 높이게 된다.

기본적으로 기후 변화 불확실성 하의 의사결정은 늘 오류의 위험이 따를 수밖에 없다. 특히 기후 변화와 같이 일반 시민의 이해도가 낮은 현상에 대해 정책결정자가 예산 배분을 자유롭게 하기란 어려운 현실이다. 이하에서 살펴보는 기후 변화 요소에 대한 정책결정자의 오류에 대한 논의는 이와 관련이 깊다.

3 기후 변화 불확실성과 도시 대응

기후 변화에 대응하는 지방정부의 의사결정과 관련하여 불확실성의 개념을 고려하는 것은 필수적이다. 규범적인 의사결정 이론에서 의사결정자는 기대값이 가장 높은 선택을 확인하려 노력한다. 이는 의사결정자가 주어진 목표를 만족하는 결과를 얻도록 최선의 기회를 주는 선택을 해야 한다는 뜻이기도 하다. 기후 변화에 대응하는 의사결정의 경우에 의사결정자는 미래의 불확실한 상황 속에서 의사결정을 내려야 한다. 각 지방정부는 아무 대응정책을 취하지 않거나 다른 대안적인 행동을 취하는 것이 더 나은지에 대해 판단해야 한다.

가장 높은 기대값을 주는 선택인지 확인하기 위해 각각의 결과의 가능성과 잠재적인 선택에 관련된 결과를 모두 아는 것이 필요하다. 의사결정 문제나 기회는 적절한 목표를 가지며, 그 일반적인 과정은 다음과 같다.

① 의사결정자의 위험에 대한 태도와 의사결정 불확실성 및 의사결정 동의 기준을 결정한다.

② 잠재적 결과에 영향을 미치는 요인을 확인하고, 원인과 영향의 상호 관계와 이러한 요인의 상태를 결정한다.

③ 발생할 수 있는 환경이나 대안적인 미래 상황을 확인한다.

④ 의사결정자가 이용할 수 있는 대안이나 선택을 확인한다.

⑤ 미래 상황과 선택의 결합에 의한 잠재적인 보수를 계산하고 확인한다.

환경 변화로 인해 주어지는 추가적 정보 제공은 의사결정을 변화시킬 수 있다. 의사결정자는 그의 결정이 뒤바뀐 것인지 알기를 원할 것이다. 만약에 의사결정자가 의사결정에 의한 결과를 다시 되돌리지 못하는 것보다 바람직하지 않은 결과를 가져오는 선택이 적은 노력과 비용으로 행해짐으로써 다시 되돌릴 수 있다면 그러한 선택은 좀 더 긍정적으로 검토해 볼 수 있을 것이다. 한편 예외적인 경우에만 위험을 정량화하는 것이 가능할 것이다. 대부분의 기후 적응의 경우, 의사결정자는 주어진 요소 중 하나 혹은 그 이상을 놓칠 수 있다. 따라서 각각의 결과와 관련된 가능성과 선택안의 선택과 관련된 가능한 결과를 확인하지 못할 수 있다. 기후 적응 의사결정을 위한 특별한 도전은 미래 기후 변화의 확장, 사회, 경제, 환경적 상황과 관련된 불확실성을 지니게 된다. 기후 변화라는 극한 불확실성의 상황 속에서 지방정부가 취해야 하는 의사결정 환경을 구분해 보면 다음과 같다.

1) 불확실성 하에서의 의사결정

의사결정과 관련된 위험과 가능성이 알려지지 않았거나 믿을 만한 추정이 어려운 경우, 그 의사결정은 불확실성 하에 이루어진 것이라 할 수 있다. 심리학자들은 주먹구구식 의사결정에 대한 실증적인 증거를 찾아왔으며, 의사결정자들이 모든 가능한 정보를 사용하지 않고 행동하는 불확실성 하에 의사결정을 하는 인식의 메커니즘을 연구했다(Tversky & Kahneman, 1974). 불확실성 하에서 의사결정을 하는 다수의 접근법이 아래에 서술되어 있다. 접근법의 선택은 의사결정자의 위험에 대한 태도에 의존한다. 각각의 접근법은 각각 다른 결정을 낼 수 있다. 의사결정자는 반드시 자신의 필요에 제일 적합한 접근법을 선택해야 한다. 활용 가능한 접근법을 정리해 보면 다음과 같다.

- 고위험 전략: 최선의 결과를 제공하는 선택을 결정하고 시행하는 접근법
- 과소 대응을 회피하는 전략: 기후 변화 영향에 대한 기대를 가지고 위험 회피적으로 하는 접근법
- 과다 대응을 회피하는 전략: 기후 변화와 적응 비용을 상황에 맞추어 대응할 필요를 가지고 위험 회피적으로 접근하는 방법
- 후회 기초 전략

2) 위험 하에서의 의사결정

위험과 가능성이 알려지지 않았거나 추정이 어려운 경우, 최대의 기대값을 가지는 선택이 최선의 결정으로 여겨질 수 있다. 기대값은 미래 상태가 일어날 가능성에 의한 보수값의 결과를 곱해 계산된다. 최선의 선택은 가장 큰(경우에 따라 가장 작은) 기대값을 가지는 경우일 것이다. 예를 들면 탄소 배출과 같은 미래 시나리오와 관련된 가능성이 객관성을 가지는 것이 불가능하기 때문에 (주관적인 시나리오 가능성의 추정을 사용하는 경우를 제외하고) 최대 기대값을 가지는 접근법을 적용하는 것은 매우 어렵다. 이러한 접근법은 추천하지 않고 있으나 연구가 지속적으로 이루어지고 있는 상태이다. 그러나 이러한 접근법은 의사결정의 자신감을 향상시키기 위한 추가적인 정보로서 가치를 이해하는 데에 도움을 준다.

3) 다수의 목표를 가진 의사결정

많은 의사결정이 복잡한 양상을 띠고 있다. 이러한 의사결정들은 다수 요인의 영향 평가를 요구하며 선택안과 불확실성 및 다른 기준의 범위 등을 요구한다. 이러한 환경에서 다수 기준 분석(multi-criteria analysis: MCA)은 의사결정자에게 큰 도움을 줄 수 있다. 다수 기준 분석 기술은 화폐적 가치에 관해 표현된 기준에 의존하는 기술을 보완할 수 있다. 금융 분석과 같은 화폐적인 기술, 비용 효율성 분석, 비용·편익 분석은 광범위하게 추천되고 있으며 선택의 평가와 다수의 지도안에 이용된다. 다수 기준 분석은 다수 기준 의사결정 분석, 다수 기준 의사결정 분석, 퍼지 집합이론의 활용 등 기술과 연관된 범위를 포함하고 있다.

4 기후 변화 대응전략과 선택

도시는 기후 변화라는 불확실한 상황에 대해 대응해야 하며, 불확실성이 높은 현상에 대한 대비를 위해 각종 전략적 대응을 취할 수 있다. 그 때문에 이 같은 전략의 종류를 파악하는 것은 도시의 기후 변화 대응 역동성을 이해하는 데에 매우 중요한 역할을 한다. 기후 변화에 불확실성이 존재하지 않는다면 이에 대비하는 정책결정의 어려움은 존재하지 않을 것이다. 하지만, 현실은 기후 변화가 실제 공간에 미치는 영향을 제대로 이해하고 이에 대비하기란 어려운 것이 현실이다. 불확실성은 위험과 관련된 지식의 정도로 표현될 수 있다(UKCIP, 2003). 기후 변화에 의해 발생할 미래의 위험 상황에 대한 우리의 지식은 불확실성을 가지게 되는데, 이 불확실성은 인간의 사회경제적 활동 정도와도 깊이 관련이 있다. 이 불확실성에 대한 효과적 대응은 향후 기후 변화로 인해 발생할 수 있는 위험 상황을 줄일 수 있을 것이다.

1) 포괄적인 대응전략

기후 대응전략은 특정한 위험관리 기준에 의해 선택된 선택과 조치의 조합을 표현한다. 따라서 대응전략에는 의사결정자의 기후와 관련되거나 관련되지 않은 위험에 대한 태도와 위험관리 우선순위가 포함된다. 도시가 기후 변화에 대응하는 전략을 취함으로써 얻을 수 있는 대응 이익은 다음을 포함한다(Klein & Tol, 1997).

- 사회 기반시설 설계 강도와 장기간의 투자 증가
- 취약한 관리 체계의 유연성 증가
- 취약한 자연 체계의 적응력 향상
- 기후에 대한 취약성이 증가하는 추세를 뒤바꿈
- 사회적 의식과 준비성을 향상시킴

아울러 성공적인 도시 대응을 위해서는 다음과 같은 사항에 대한 고려가 필요하다.

- 의사결정자의 기후 및 기후에 관련 없는 시나리오의 범위에 따른 기준을 포함하는 조치에 대한 효율성과 유연성(efficiency and flexibility)

• 그들의 비용을 넘어서는 이익을 생산할 수 있는 잠재력(potentiality)
• 관련된 분야의 다른 것에 의해 수행되고 있는 조치에 상호 보완적인지 일관되는지 여부(compatibility)
• 수립 정책에 대한 수행이 가능한지 여부(feasibility)

행동의 선택은 의사결정자의 목표에 의해 결정된다. 목표는 위해 요소와 노출 정도를 관리하려고 시도함에 따른 위험을 감소시킬 것이다. 목표는 비용 제약이나 보호시설 수준의 시행에 따른 비용에 관련된 종합적인 위험을 최소화할 것이다. 목표는 단위 비용당 이익을 최대화하는 것이며, 비용·편익 분석이 적절한 결정을 내리는 데에 도움을 줄 것이다. 모든 경우에 위험에 대해 인지하는 것과 다른 조치의 시행에서 핵심 변수의 값의 불확실성을 고려하는 것이 필요하다.

위험관리 전략의 중요한 점은 위험을 받아들이는 다른 부분을 확인함으로써 취약성을 감소시키는 것이다. 이러한 방식의 위험 상쇄는 종종 위험 보험료의 지급을 포함한다. 이는 위험을 받아들이는 부분에 보험계약의 양식을 사용함으로써 이루어진다. 전략의 다양화는 기후에 민감하지 않은 사업지역을 개발함으로써 기후 위험에 취약성을 감소시키는 목적을 지닌다. 특히 다양화된 포트폴리오는 다른 사업 지역의 수행 간의 부정적인 연관성을 피하기 위한 목적을 가진다. 다양성은 특정한 대응 조치의 선택과 관련된 위험을 감소시키는 데에도 사용된다. 적합한 행동 조치의 혼합 등이 좀 더 적절한 위험관리 전략을 제공할 수 있다.

2) 후회를 적게 하거나 없도록 하는 선택

지금도 가치 있는 것으로 여겨지고 기후의 상황과 상관없이 계속 가치 있는 의사결정 선택은 후회 없는 선택의 한 예이다. 미래 기후 변화의 타당한 구성에 따라 총이익이 증가하는 경우에, 특히 후회 없는 선택은 반드시 명료하게 확인된다. 그러나 후회 없는 선택의 시행 시에 방해 요소가 존재할 수 있으며, 방해 요소 등을 극복하는 예상 비용을 포함하는 조심스러운 분석이 요구된다.

제한되거나 적은 후회는 의사결정에 따른 비용 영향이 매우 적고, 미래 기후 변화 예상의 불확실성을 견딜 만하며, 미래 기후 변화 내에서 이익이 잠재적으로 큰 경우의 의사결정을 서술하는 데에 종종 쓰인다(DETR, 2000). 많은 돈이 들거나 이익이 불확실한 적응 선택안은 계속 남을 것이다. 잠재적 편익에 대한 지식은 미래 기후에 대한 불확실한 지식에 의해 제한된다. 결과적으로 몇몇 중요한 선택은 가능한 기후 변화의 불확실한 영향으로 간주되어 계속 남을 것이다. 이러한 것들은 조심스러운 평가를 요구한다. 또한 기후 변화의 영향을 감소시키고 환경, 사회, 경제적 이익을 얻는 '윈-윈(win-win)' 상황이 있다. 이러한 의사결정은 기후 변화에 적응을 하기 위한 것이 직접적으로 이유가 되기보다는 오랜 기간 적응으로 인한 이익을 통해 발생한다. 이러한 추가적인 이익이 발생하는 환경을 확인하는 것은 의사결정자에게 유용할 것이다.

5 도시의 기후 변화 대응전략

기후 변화의 불확실성에 대응하는 도시정부의 대응전략 수립 시기와 관련하여 버튼(Burton, 1996)은 다음의 여섯 가지 정보를 제공하고 있다.

- 기후 변화를 원천적으로 피하기 어렵다.
- 사전 예방적 대응이 좀 더 효율적이며 사건 발생 후 이루어지는 대응에 비해 비용이 적게 든다.
- 기후 변화는 적응이 잘 되지 못했을 때 좀 더 빠르고 확실하게 악영향이 닥치게 된다. 아울러 생각하지 못했던 사건 또한 일어날 수 있다.
- 기후 다양성과 심각한 기후 현상에서 좀 더 적절하게 적응함으로써 즉각적인 이득을 얻을 수 있다.
- 부적응적인 결과를 얻는 정책을 제거함으로써 즉각적인 이득을 얻을 수 있다. 적응관리의 중요한 면은 적응을 위한 미래 선택의 효율성을 제한하는 결정의 시행을 피하는 것이다.
- 기후 변화는 위협일 뿐만 아니라 기회가 될 수 있다. 기후 변화의 결과로 미래 이익이 달성될 수 있으며, 이 같은 기회는 적절한 대응책에 의해 그 가능성이 높아지고 현실화된다.

예를 들면 물 수요 관리 조치는 기후 위험을 감소시킬 수 있고 연기된 대응 조치와 관련된 의사결정을 허락할 수 있다. 이러한 조치의 장점은 그들에게 관련된 비용과 이득에 의존할 것이다. 즉각적인 조치가 그들의 목표를 달성할 것이며, 다른 시간까지 확장하여 더 나은 결과가 있을 것이라는 자신감을 포함한다. 많은 경우에 시간을 버는 조치는 후회 없는 선택이나 후회가 적은 선택이 된다.

표 4-1 도시의 기후 변화 대응전략 유형

대응 종류	UKCIP(2007) 보고서에서 제시한 대응전략
손실 공유	• 전략 종류의 보증 • 위험이 낮은 새로운 금융상품 활용 • 위험의 다각화
손실 인내	손실을 피할 수 없는 경우: • 산간지대의 동물군과 식물군의 확실한 종(種) • 해수면 상승으로 연안지역의 손실 발생/연안 침식 속도의 증가
영향의 예방: 구조적/기술적	• 설계 기준의 향상 및 기술적 해결책 • 저수지 용량의 증가 • 물 이동이 향상 • 물 효율성 계획의 시행 • 연안 보호 프로그램의 규모 확장 • 우수 및 하수 체계의 시설 향상 • 회복력을 가진 집의 시공 • 대중교통 기반시설의 개수 • 작물 관개시설의 설치 • 야생 동·식물 통로의 생성
영향의 예방: 법적/규제	• 개인 부문과 책임 지역에 영향을 미치는 계획의 새로운 방법 찾기 • 홍수 위험 및 물의 수요-공급 균형과 같은 새로운 요소에 더 적합하도록 전통적인 토지이용계획을 변화시킴 • 불확실성을 다루는 새로운 방법의 채택 • 연안지역 홍수 방지를 위한 더 많은 자원 제공 • 계획가를 위한 가이드라인 개정 • 생물다양성 보호를 위한 지역 지정 시 기후 변화 기준을 고려함 • 설계 기준(예: 빌딩 규제)의 개정과 집행
지역 이동 /회피 전략	• 고위험 지역에서부터 주민을 대피시킴 • 새로운 농작물의 개간 • 새로운 주택, 산업시설의 지역 이전 • 기후 변화로 인한 위험에 향상된 경고를 하기 위한 예보 체계의 향상 • 긴급사태와 재난에 대한 계획

연구	• 장기간의 사건 추세를 봄 • 환경, 사회, 경제 체계에 대한 수행 방법과 환경의 과거와 현재의 다양성 간의 관계에 대한 더 나은 지식의 제공 • 단기간의 기후 예보 및 위험 특성을 향상시킴 • 기후 변화 시나리오에 근거한 모형으로부터 미래 기후의 다양성에 대한 공간 · 시간의 고해상도 자료 제공 • 기후 변화에 의한 심각한 사건의 빈도와 규모에 대한 많은 정보의 제공 • 기후 변화의 더 나은 지역별 지표 개발 • 위험에 기반을 둔 통합된 기후 변화 영향평가의 개발
교육, 행동	• 향후 2년, 5년이 아닌 20년 50년 뒤를 고려한 계획 시간의 확장 • 기후 변화에 대한 이해당사자의 균등하지 않은 관심 감소 • 기후 변화에 대처하는 개인의 행동에 대한 공공 의식 증가

대응 조치의 시행을 연기하는 의사결정은 적절한 위험관리 전략이 될 수도 있다. 미래 기후 변화에 의한 위험에 대한 더 나은 정보가 제공되고 불확실성이 감소될 소지가 있는 경우 과소 대응이나 과다 대응을 피하도록 지연하는 것이 도움을 줄 수 있기 때문이다. 그러나 지연시키는 전략은 현재와 미래의 위험 수준이 견딜 만한 것으로 평가받은 경우에만 추천할 수 있다.

이러한 의사결정은 반드시 분명한 기후 한계점에 기반을 둘 필요가 있으며 정기적인 재검토를 받아야 한다. 지연 전략은 미래 기후 위험의 평가에 대한 불확실성을 확인하기 위해 안전 요소의 사용을 포함할 수 있다. 주요 사회 기반시설의 건설과 같은 대응 조치를 시행하는 것에 상당한 시차가 존재하는 경우 시행 단계를 줄이는 조치가 요구된다. 이는 잠재적으로 크지만 현재 불확실한 이익이나 상당한 비용이 드는 적응 조치와 관련된 의사결정을 허용한다.

6 기후 변화와 적응관리

적응관리(adaptation management)는 기후 변화와 관련된 불확실성을 다루기 위한 중요한 전략이다. 그것은 위험 평가와 이용 가능한 정보의 분석에 기초를 둔 각각의 의사결정 포인트에서 최선의 가능한 의사결정을 이루도록 하는 순차적인 과정이다. 적응관리는 의사결정이 재검토될 기회를 남겨두게 되며, 미래와 현재의 기후 위험에 대한 향상된 정보를 통해 훗날에 추가적인 의사결정의 시행을 할 수 있도록 한다.

그러나 이러한 순차적인 과정은 기후 변화에 대한 순차적인 응답이 최선의 응답이라는 것을 의미하지 않는다. 이것은 장기적인 전략을 시행하는 것보다 전체적인 비용이 더 많이 들 것이다. 그럼에도 불구하고 점진적인 적응 선택이 시행되는 경우 이들은 기후 변화와 관련된 불확실성에 유연하게 접근하는 것의 기초를 제공할 수 있다.

의사결정에 도달하고 시행하는 시간을 줄이는 것은 성급하거나 과다한 적응의 위험을 줄이는 적응 응답일 수 있다. 이것은 규제 및 계획의 개혁 또는 확실한 미래나 사전에 정의된 조건이 지정되었을 때 요구되는 향상된 논의에 의해 달성될 수 있다. 의사결정을 지연시키는 것은 관련 정보나 지식을 추가로 확보하여 불확실성을 줄이는 경우에만 지지받을 수 있나. 불확실성을 감소시키지 못한 경우 의사결정 지연은 위험관리와 관련된 적절한 의사결정을 위해 적합한 것이었다고 보기 어렵다.

제 5 장 기후 변화 대응 의사결정 다이내믹스

1 기후 변화 대응을 위한 의사결정

적시성(適時性, timing)은 기후 변화 대응의 성공 여부를 좌우하는 결정적인 열쇠이다. 적절한 시기의 전략과 대응은 최적의 결과를 가져오기에 적시성은 기후 변화 대응의 시간적 역동성을 구성하는 중요한 요소가 된다.

기후 변화 대응은 불확실성에 대응하는 각급 정부의 의사결정 과정을 필연적으로 동반하게 된다. 이 과정에서 리더십의 불확실성에 대한 인식이 강한 영향을 미칠 수 있다. 무엇보다 중앙 및 지방정부의 의사결정은 주어진 예산에 가장 큰 영향을 받는다고 볼 수 있다. 기후 변화 대응에 관한 투자는 결국 정부의 의사결정 과정을 따르게 되면서 더욱 역동적 양상을 지니게 된다. 의사결정의 적시성은 기후 변화 대응의 효과성에 상당한 영향을 미칠 수 있으며, 그 때문에 기후 변화 대응에 대한 의사결정은 시간적 역동성의 핵심적 부분을 차지한다. 이 장에서는 지방정부 차원의 기후 변화 대응 투자에 대한 의사결정 과정을 다루고자 한다. 특히 기후 변화 대응 대책에 따르는 도시정부의 예산 부담에 대한 논의를 추가하여 어떻게 예산 반영을 이루는지에 대한 정치경제학적인 접근을 시도해 보고자 한다.

기후 변화에 대응하자는 지방자치단체는 많지만 막상 예산 투자에서는 지지부진한 경우가 많다. 실질적 예산 투자가 동반되지 않는 기후 변화 대응은 의미가 없기에 적절한 예산 투자를 동반한 기후 변화 도시 대응이 이루어질 필요가 있기 때문이다. 특히, 이 장에서는 기후 변화라는 불확실성에 대응하는 정부의 환경정책 수립과 관련하여 효용극대화 차원에서 기후 변화 적응정책의 이 같은 메커니즘을 분석해 보고자 한다. 특히, 기후 변화 적응정책은 기후 변화로 늘어난 극한 사상(extreme events)에 대한 대응에 초점을 두고 있다. 이와 관련하여 이 장에서는 기후 변화에 대처하는 중앙정부 및 지방정부의 대응에 따르는 효용함수 변화 메커니즘을 코헨과 워커(Cohen & Werker, 2008)의 모델에 기초하여 예방 투자(preventive spending)와 복구 투자(palliative spending)를 중심으로 살펴보려고 한다.

위험 상황 하에서의 정책결정에 대해 모건과 헨리언(Morgan & Henrion, 1990)은 세 가지 기준으로 구분하고 있다. 먼저, 효용 기반(utility-based) 기준은 다양한 형태의 평가 기법을 활용하여 각각의 정책대안이 갖는 효용을 정량적으로 분석한다. 이에 반해 권리 기반(rights-based) 기준은 대안이 가지는 정량적 평가 방법에 의존하기보다 오히려 각종 조치와 정책이 수립되는 과정 자체에 주안점을 둔다. 한편, 기술 기반(technology-based) 기준은 환경 규제의 맥락에서 파악될 수 있는데, 일정한 기술적 요구 수준을 충족하는 정책대안을 신택하는 데에 활용된다.

기후 변화에 대한 정부 각처의 대응은 활발하게 이루어지고 있다. 녹색성장기본법에 근거한 대통령 직속 녹색성장위원회는 기후 변화에 체계적으로 대응하는 우리 정부의 노력이 반영된 대표적 사례이다. 국토교통부(구 국토해양부), 소방방재청, 환경부 등 유관 부처들은 기후 변화 대응과 관련한 예산을 해마다 늘리고 있다. 하지만, 기후 변화 적응에 대한 투자에 대해 중앙정부와 지방정부의 관심은 지지부진하기만 하다(고재경 외, 2008; 해양환경관리공단, 2010).

이 장에서는 기후 변화라는 불확실성에 대응하는 정부의 환경정책 수립과 관련하여 효용극대화 차원에서 기후 변화 적응정책의 이 같은 메커니즘을 분석해 보고자 한다. 특히, 기후 변화 적응정책은 기후 변화로 늘어난 극한 사상에 대한 대응에 초점을 두고 있다. 이와 관련하여 이 연구는 기후 변화에 대처하는 중앙정부 및 지방정부의 대응에 따르는 효용함수 변화 메커니즘을 코헨과 워커(Cohen & Werker, 2008)의 모델에 기초하여 예방 투자과 복구 투자를 중심으로 살펴보도록 하겠다.

2 기후 변화 대응 모델링

기후 변화의 위험성은 자연재해라는 극한 사상으로 표출된다. 이 연구에서는 불확실성을 지닌 기후 변화 재해 발생과 이로 인한 피해와 예방정책에 대한 관계를 다룬다. 기후 변화로 인한 재해는 확률 p로 발생하며 그로 인한 재산상의 손실액은 d이다. 이 같은 기후 변화 재해로 인한 영향과 손실을 줄이기 위해 정부는 두 가지 정책에 투자비를 사용할 수 있다. 첫째는 사전예방 정책으로 재해 발생 이전에 투입된 예방사업비(b)이며, 둘째는 사후복구정책으로 재해 발생 후 복구사업비(a)이다. 대부분의 경우 두 정책은 동시에 이루어지게 되며 정부의 기후 변화 방어 수준은 $f(b, a)$라는 두 정책으로 이루어진 함수로 표현될 수 있다. 이때 정부의 대응 노력이 효과를 발휘하게 될 경우 $d-f(b, a)$가 기후 변화 재해 발생으로 입는 최종 피해액이 된다. 국민 개개인의 복지는 효용함수 $u(y)$로 표현되며 y는 개인의 소득 수준에 따르는 외생변수가 된다. 기후 변화 재해 발생 시는 $d-f(b, a)$만큼 효용이 감소하게 되어 $u(y-(d-f(a, b)))$가 된다. 이 모델링에서는 복구를 통한 예방도 재난관리 및 기후 변화 적응에서 중요한 부분으로 상정하고 있으며, 적절한 복구 투자는 예방 투자 못지않은 재해 방어 효과를 거둘 수 있음에 기초한다. 이 같은 근거는 재난관리의 순환 논리 이론을 토대로 하고 있다.

여기서 정부의 효용함수(υ)는 적절한 기후 변화 대응에 따른 국민들의 효용(w)과 정부 수입에 따르는 효용(I)으로만 이루어진다는 가정 하에 이를 모델링하면 다음과 같다. 즉, 정부는 적절한 기후 변화 대응으로 인한 국민들의 효용과 정부의 예산지출 변화에 따르는 효용으로 구분된다.

$$\nu(w,I) = \sum_i \lambda_i u(y_i) + v(I)$$

여기서 i는 지역을 나타내며 λ_i는 특정 지역에 대한 지방정부의 관심 가중치를 의미한다. λ_i가 높은 수치를 가진 지역은 정부의 기후 변화 대응에 대한 높은 관심을 반영한 지역을 의미하며, 기후 변화 대응에 소외된 지역의 경우 낮은 수치를 갖게 된다. 따라서 정부의 재원은 I가, 되며 이 예산 규모 내에서 기후 변화 대응 자금뿐만 아니라 다른 목적의 지출을 할 수 있다.

이 모델링은 몇 가지 가정을 동반한다. 먼저 일반균형모델을 의미하지 않는다. 또한, 세금과 정부정책에 대한 공급 측면의 이슈는 고려하지 않는다. 특히, 정부 수입은 사실상 국민 개개인의 수입의 함수라는 사실을 무시한다. 위 모델은 기후 변화와 관련한 중앙정부의 의사결정 구조만을 보여주지 않는다. 이 같은 모델링은 정부의 예방 투자와 복구 투자에 대한 실증 데이터 없이 모델링을 활용한 실험을 통해 다양한 정책적 시사점을 도출해 볼 수 있는 장점이 있다.

3 기후 변화 대응 투자의 메커니즘

대부분 정부는 한정된 예산을 효율적으로 배분하기 위해 노력할 것이며, 정부의 효용함수를 극대화시키는 방향으로 예산을 배분할 것이다. 이때 국민 개개인의 효용함수를 정확히 알기 어려우므로 대표 국민을 가정한 효용함수를 상정하고 이를 극대화한다고 가정해 본다. 정부는 향후 기후 변화로 인해 발생할 수 있는 대응 투자를 예방과 복구 두 가지 측면에서 취할 수 있다. 예방 투자에 소요되는 단위 비용을 P_b라고 하고, 복구 투자에 소요되는 단위 비용을 P_a라고 가정하자. 앞서 기후 변화로 인한 재해가 발생할 확률이 p였으므로 정부의 효용함수 식은 다음과 같이 제시될 수 있다.

$$\max_{b,\, a}(1-\rho)u(y-p_b b)+\rho u(y-(d-f(b,a)-p_b b-p_a a) \qquad \text{식(1)}$$

$(1-p)u(y-P_b b)$는 재해가 발생하지 않았을 경우 개인의 효용함수에서 예방 투자만이 차감되고 있음을 보여준다. $pu(y-(d-f(b,a))-P_b b-P_a)$는 재해 이후 개인의 효용은 $u(y-(d-f(a,b)))$만큼 감소되며 여기에 예방 투자($P_b b$)와 함께 복구 투자($P_a a$)가 추가로 소요됨을 나타낸다. 앞서 설명한 정부의 기후 변화 방어 수준을 기후 변화 저감(relief)의 수준으로 보고 이를 r이라고 하면 $r=f(b,a)$가 되어 $f(a(r,b),b)=r$로 표현할 수 있다. 이때 $a(r,b)$는 b 수준만큼의 기후 변화 저감 예방사업이 투자되었을 때에 r만큼의 저감 수준을 달성하기 위해 투자되어야 할 복구 투자 수준을 의미한다.

$$\frac{\partial a}{\partial r} = \frac{1}{f_a}, \ \frac{\partial a}{\partial b} = \frac{-f_b}{f_a} \qquad \text{식(2)}$$

위의 식을 기초로 기후 변화 대응을 위한 총비용 $c(r, b)$을 예방투자비와 복구투자비로 나누어 구해 보면 아래 식과 같이 된다.

$$c(r,b) = p_a a(r,b) + p_b b \qquad \text{식(3)}$$

위 식을 r과 b에 대해 양변을 미분하면 다음 두 식을 얻을 수 있다.

$$\frac{\partial c}{\partial r} = p_a \frac{\partial a}{\partial r} = p_a \frac{1}{f_a}, \ \frac{\partial c}{\partial b} = p_a \frac{\partial a}{\partial b} + p_b = p_b - p_a \frac{f_b}{f_a} \qquad \text{식(4)}$$

결국 효용극대화의 수식은 아래와 같이 변형될 수 있다. 결국, 논점은 총 저감 수준, 즉 어느 정도 수준까지 기후 변화 재해로 인한 피해를 복구할 것이며, 이를 위해 얼마나 예방 투자를 할 것인지로 좁혀진다.

$$\max_{r,b} (1-\rho)u(y - p_b b) + \rho u(y - (k-r) - c(r,b)) \qquad \text{식(5)}$$

이 변형된 효용극대화 수식을 r에 대해 미분하게 되면

$$u'(y - (k-r) - c(r,b))(1 - \frac{\partial c}{\partial r}) = 0$$

을 얻게 된다. 결국 $(1 - \frac{\partial c}{\partial r}) = 0$에서 식(4)를 적용하게 되면 $1 - p_a \frac{1}{f_a} = 0$이 되고 $f_a = p_a$가 된다. 결국 재해 발생 후 복구 투자에 소요되는 단위 비용은 한계 저감 비용(f_a)과 같아지게 된다. 이는 복구 투자 1 단위 증가에 따르는 저감 효용 향상 정도와 같아지는 점에서 복구비가 투자됨을 의미한다. 흥미로운 점은 복구 투자의 경우 불확실성에 대한 여지가 없다는 것이다. 이미 발생한 기후 변화 재해를 복구를 통해 이전의 효용으로 회복하려는 투자이기 때문에 불확실성이 존재하지 않는다. 단지 정부는 재해가 발생한 이후 재해 저감을 위해 얼마나 투자를 해야 할지만 결정하면

되는 것이다.

하지만, 예방 투자의 수준을 결정하는 문제는 달라진다. 이는 식(5)를 예방 투자 b에 대해 미분을 해보면 알 수 있다.

$$\frac{\partial v}{\partial b} = 0 \Rightarrow (1-\rho)u'(y - p_b b)(-p_b) + \rho u'(y - (k-r) - c(r,b))(-\frac{\partial c}{\partial b}) = 0 \quad \text{(식6)}$$

여기서 기후 변화로 인한 재해가 발생한 후의 효용을 $u^{s'}$라고 하고, 발생하지 않았을 경우의 효용을 $u^{ns'}$라 하면 식(4)를 적용하여 다음과 같이 식을 변형시킬 수 있다.

$$f_b = p_b(1 + \frac{(1-q)u^{ns'}}{qu^{s'}}), \quad \frac{qu^{s'}}{qu^{s'} + (1-q)u^{ns}} f_b = p_b \quad \text{(식7)}$$

기후 변화를 예방하기 위해 투자해야 하는 비용은 불확실성이 많다. 결국 예방 투자의 효과성은 재해가 발생하고 나서야 알 수 있다. 결국 예방 투자가 복구 투자에 비해 늘 비효율적일 수밖에 없는 이유이다. 재해 발생은 높은 불확실성 가운데 일어나게 된다는 사실을 망각하고 재해 발생 후의 예빙 투사 수순은 늘 부족하게 느끼게 된다. 예방 투자는 복구 투자와 달리 한계 예방 투자 비용과 단위 예방 투자 비용이 같아지지 않는다. 문제는 기후 변화로 인한 재해 발생 확률(p)이 점점 커지고 있다는 것이다. 이는 기후 변화로 인한 극한 재해 현상이 자주 발생할 수 있게 됨을 의미하며 더 많은 예방 투자가 복구 투자에 비해 이루어져야 하는 것을 의미한다. 충격이 커지면 커질수록 피해 상황에서의 한계 예방 투자 효용(f_b)은 높아지게 되고 결국 예방 투자로 인한 방어 수준은 향상되게 된다. 결국 정부는 극심한 기후 변화 재해가 자주 발생할수록 이에 대처하기 위한 사전 예방 투자를 늘리게 된다. 재해의 강도가 커지게 되면 이로 인한 국민들의 효용 감소 역시 커지기 때문에 예방 투자를 늘리지 않을 수 없게 된다.

4 기후 변화 대응 투자의 의사결정 과정과 함의

앞서 언급한 정부의 효용함수 $\sum_i \lambda_i u(y_i) + v(I)$는 정부 효용이 사회복지와 정부 수입으로 이루어지고 있음을 가정하며 이를 극대화하는 것을 목표로 한다. 결국, 정부는 기후 변화에 적절히 대응함으로써 효용 감소를 최소화하며 수입을 극대화하여 가용자원을 최대화하려는 성향을 가짐을 의미한다. 결국 기후 변화로 인한 위해의 정도가 어느 정도인지 모르는 불확실성 하에서 예방 투자의 수준을 어떻게 결정할 것인가는 정부의 중요한 의사결정 이슈가 된다. 여기서 정부 투자의 관점을 기후 변화 재해 발생으로부터 지키려는 보호 수준(r)과 이를 위해 얼마만큼의 예방 투자(b)를 해야 하는지로 좁혀서 고려해 볼 수 있다.

$$\max_{r,b} q(\sum_i \lambda_i u(y_i-(k-r))+v(I-c(r,b))+(1-q)(\sum_i \lambda_i u(y_i)+v(I-p_b b))$$

이는 재해가 발생하는 경우와 발생하지 않는 경우로 나누어 살펴볼 수 있으며, 재해 발생 후 정부 수입 I는 기후 변화 위험으로부터의 보호 수준(r)을 유지하고 예방 투자로 인해 소요되는 총비용 $C(r, b)$만큼 감소하게 된다. 재해가 발생하지 않을 경우 일반 국민들의 효용함수 변화는 없게 되지만 정부 수입에서 예방 투자($p_b b$)만큼의 감소가 발생하게 된다. 여기서 정부의 효용함수는 개개의 지방정부의 효용함수 총합으로 구성됨을 가정하게 되므로 지역 간 횡단면 효과(cross-effects)는 고려하지 않는다. 그래서 개별 지방정부에 대한 총합을 대표 지방정부로 가정하여 수식을 정리하면 다음과 같다(최충익, 2011).

$$\max_{r,b} V(r,b)=\rho(\lambda u(y-(k-r))+v(I-c(r,b)))+(1-\rho)(\lambda u(y)+v(I-p_b b)) \quad (식8)$$

식(8)을 r에 대해 미분하여 정리하면

$$\frac{\partial V}{\partial r}=0 \Rightarrow \lambda u'(y-(k-r))=v'(I-c(r,b))\frac{\partial c}{\partial r}$$

이 되고, 식(4)에서 $\frac{\partial c}{\partial r}=\frac{p_a}{f_a}$이므로 $\lambda f_a u^{s'}=p_a v^{s'}$을 얻게 된다. 좌항은 재해 발생 후 이루어진 단위 저감 투자 증가에 따른 효용 수준 변화량 $f_a u^{s'}$와 정부가 얼마나 그 효용에 관심을 갖고 있는지에 대한 계수 λ의 곱으로 이루어짐을 의미한다. 우항은 단위 복구 투자 p_a와 재해 발생 후 정부 소득 변화량 $v^{s'}$의 곱을 의미한다. 결국 정부의 소득 수준 변화는 복구 투자와 이에 따른 기회비용에 의해 좌우됨을 알 수 있다. 여기서 기회비용이라 함은 복구 투자 이외에 다른 용도로 정부 지출이 이루어졌을 경우 얻을 수 있는 효용을 의미한다. 결국 정부는 여전히 투자의 기준을 사후 효율성에 두게 된다.

그러면 기후 변화에 따른 재해 발생을 예방하기 위한 투자 규모는 어떻게 설정해야 바람직한 것인지에 대한 고민이 필요하다. 이를 위해 예방 투자(b)에 대해 양변을 미분하면 다음과 같다.

$$\frac{\partial V}{\partial b} = 0 \Rightarrow qv^{s'}(-\frac{\partial c}{\partial b}) - (1-q)v^{ns'}p_b = 0$$

이 식을 정리하면 다음 식이 도출된다.

$$\frac{f_b}{f_a} = \frac{p_b}{p_a}(1 + \frac{(1-q)v^{ns'}}{qv^{s'}})$$

기본적으로 정부는 기후 변화로 인한 재해 위험 회피 성향이 개인보다 덜 민감하다(less risk averse)는 가정을 한다. 이 같은 가정은 개인의 경우 피해를 입게 되면 가진 모든 것이 날아가게 되지만 정부의 입장에서는 그 일부만 피해를 보게 됨에 기인한다. 그 때문에 정부는 재해에 선행하는 예방 투자보다 보험에 큰 관심을 가지지 않는 경향이 있다. 재해보험 도입을 위해 소방방재청이 도입한 시범사업이 지지부진한 이유도 이 같은 맥락에서 파악될 수 있다. 어쩌면 우리나라의 경우 기후 변화에 대한 위험 인식 자체가 미흡하기 때문에 더욱 도입이 어려울 가능성도 있다. 기후 변화로 인한 충격이 불확실할 때 예산의 규모는 사전적으로 정해지는 경우가 많으며, 이에 따라 정부의 예산 투자 순위가 이미 결정된다. 이 때문에 충분한 예방 투자가 이루어지지 않는 것이 반드시 정부 측의 부적절한 판단으로만 치부할 수도 없는 현실이다.

기후 변화로 인한 위기 상황의 대응은 아무래도 개인보다 정부가 잘할 수밖에 없다. 이 같은 논리는 지역적 차원으로 내려가도 비슷해진다. 대도시 정부는 중소도시 정부보다 기후 변화로 인한 재해 저감에 훨씬 유리한 환경을 갖는다. 더 많은 인적 자원과 물적 자원을 보유할 수 있기 때문이다. 코헨과 워커(Cohen & Werker, 2008)는 이 같은 이유로 대도시 정부는 예방 투자를 통해 기후 변화로 인해 나타나는 위험성에 대해 크게 개의치 않는 경향을 갖는다고 주장한다. 충분한 저감 및 대응 능력을 가진 도시일수록 오히려 기후 변화에 대해 민감하게 대응하지 않는 경향이 있음을 지적한다(최충익, 2011).

이에 대해 코헨과 워커(Cohen & Werker, 2008)는 OFDA/CRED 자료를 이용하여 중소도시와 대도시 사이의 기후 변화 대응 능력을 실증 분석했는데, 이 연구에 따르면 인구 규모 50만 명 이하의 중소도시들의 인명 피해가 50만 명 이상의 대도시들의 인명 피해보다 더 적은 것으로 나타났다. 이는 중소도시가 복구 투자보다 예방 투자에 오히려 많은 관심을 보이고, 이로 인해 재해 피해가 중소도시보다 대도시에서 더 크게 나타나고 있음을 시사한다.

제 6 장 기후 변화 재해와 도시 기능 다이내믹스

1 도시의 재해 충격

기후 변화는 기상 변화에 따르는 자연재해 발생의 횟수와 규모에 영향을 미치고 도시와 지역에도 막대한 영향을 미친다. 재해 발생은 도시와 지역에 공간적 충격을 일으킨다. 기후 변화로 인해 발생하는 크고 작은 재해로 도시와 지역의 공간 기능은 시간에 따라 변화하게 되며 역동적 피해 양상을 양산하게 된다.

자연재해는 국가의 안전과 존립을 위협하는 또 하나의 위험 요소이지만, 공간계획적 측면에서 파악해 보면 기후 변화 자연재해로 인해 가장 큰 영향을 받는 단위는 바로 도시와 지역이다. 극한 사상(extreme events) 및 자연재해 발생은 시간에 따라 도시 기능에 큰 변화를 가져오게 된다. 이 같은 자연재해 발생의 메커니즘이 기후 변화 도시 대응의 시간적 역동성의 특징을 부각시킨다.

앞서 살펴본 [그림 2-4]는 도시의 재해 충격에도 적용될 수 있다. 즉, T 시점에서 발생한 재해로 도시가 제공하는 서비스의 질은 급격히 떨어지게 되고 α, β 시점까지 피해가 이어져 도시 기능을 마비시키게 된다. 기후 변화 변동으로부터 안정적인 도시 생활을 확보하기 위해 g(t) 사회로 변화를 도모할 필요가 있다는 내용을 다루게 된다. 기후 변화로 인해 발생하는 극한 재해가 갖는 두드러진 특징은 바로 불확실성으로 볼 수 있다. 어느 정도의 가능성을 가지고 얼마나 큰 규모의 재해가 들이닥칠지 모른다는 것이다. 이에 대해 정부가 취할 수 있는 대응 체계는 크게 두 가지로 볼 수 있다. 하나는 예방정책과 다른 하나는 복구정책이다. 이 장에서는 예방정책과 복구정책의 관계에 대해 재해 발생 후 도시 기능 변화의 측면에서 살펴보도록 한다.

2 예방 투자와 복구 투자에 따른 도시 기능 변화 모델링

도시는 기후 변화에 대응하기 위해 다양한 정책과 계획을 수립하게 된다. 이 같은 정책 수행은 다양한 투자 패턴을 가져올 수 있다. 그 대표적인 사례가 예방 투자와 복구 투자라고 볼 수 있다. 예방 투자의 경우 기후 변화 위해성을 미리 저감하기 위한 사전적으로 이루어지는 예방적 차원의 투자이며, 복구 투자는 불확실성에 대한 투자를 기피하여 자연재해로 인해 위해 사실이 확인될 경우 이루어지는 투자가 된다. 예방 투자는 불확실한 투자에 따르는 위험이 동반되는 반면 복구 투자는 재해 피해가 발생한 곳에서 이루어지기에 그 같은 불확실성의 투자가 이루어지지 않는다. 예방 투자와 복구 투자는 모두 도시 기능에 변화를 주게 되는데, 이에 대한 간단한 모델링을 통해 자세히 살펴보기로 한다.

예방 투자와 복구 투자에 따른 도시 기능 변화에 관한 모델링을 진행하기 위해서는 기본적으로 몇 가지 가정이 필요하다. 먼저, 예방 투자와 복구 투자의 지출 비용은 동일하다고 가정한다. 다만, 예방 투자의 경우 복구 투자에 비해 비용 지출 발생이 빠르기 때문에 화폐가치 하락에 따른 할인율이 발생하게 되지만 이에 대해서는 고려하지 않는다. 둘째, 예방 투자가 이루어진 후 재해 피해는 예방 투자가 없었던 상태보다 적다고 가정한다. 사실 부실한 제방 건설 등 잘못된 예방 투자로 인해 피해가 더 커지는 경우도 존재하지만 이 같은 특수한 상황에 대해서는 고려하지 않는다.

기후 변화로 인해 발생하는 자연재해가 갖는 두드러진 특징은 바로 불확실성으로 볼 수 있다. 어느 정도의 가능성을 가지고 얼마나 큰 규모의 재해가 들이닥칠지 모른다는 것이다. 이에 대해 정부가 취할 수 있는 대응 체계는 크게 두 가지로 볼 수 있다. 하나는 예방정책과 다른 하나는 복구정책이다. 이하에서는 예방정책과 복구정책의 관계에 대해 재해 발생 후 도시 기능 변화의 측면에서 살펴보도록 하겠다.

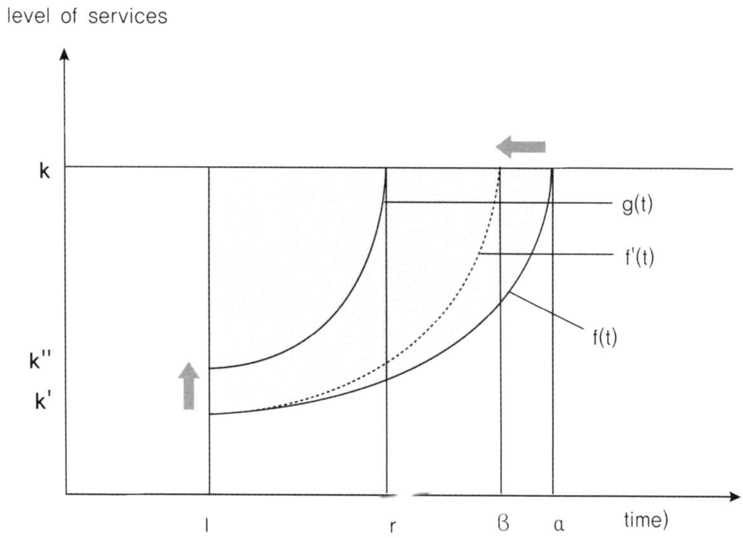

그림 6-1 예방 투자와 복구 투자 변화에 따른 도시 기능 회복

위 그림은 T 시점에서 발생한 재해 영향의 결과 도시의 서비스 질이 기존 k에서 급격히 k′로 떨어지고 있음을 나타낸다. f(t), f′(t), g(t)는 기후 변화로 인한 재해 발생 후 도시 기능의 회복 정도를 나타내주는 함수를 의미한다. f(t)의 회복함수를 가진 도시의 경우 T 시점에서 발생한 재해는 α가 지난 후에야 정상 기능 k로 회복됨을 알 수 있다. 하지만 복구 투자가 효율적으로 이루어질 경우 회복곡선은 f′(t)로 변환되어 회복의 시기가 β로 빨라지게 된다. 결국 도시 기능 측면에서 재해 발생 이후의 피해를 살펴보면 f(t) 회복곡선의 경우 정상적인 도시 기능을 발휘하지 못한 데에 따르는 피해 크기는 $\int_T^{\alpha} k - f(t)dt$가 된다. 반면 f′(t)의 경우는 $\int_T^{\beta} k - f'(t)dt$가 되어 결국 적절한 복구 투자로 줄일 수 있는 피해 감소액은 $\int_T^{\beta} f'(t) - f(t)dt + \int_T^{\alpha} k - f(t)dt = R$이 된다. 결국 R은 복구 투자 효과로서 재해 발생 후 복구 투자로 인해 도시 기능 회복을 촉진함으로써 기후 변화로 인한 피해 저감 효과를 의미한다. 이 경우 양변을 미분하게 되면 f′(β)-f(β)-f′(t)+f(t)-f(α)+f(β)=0라는 등식이 성립하게 되고 이 식을 정리하면 f′(β)-f(α)=f(t)-f′(t)가 된다. 복구 투자만 이루어질 경우 사전 예방 투자가

이루어지지 못했기 때문에 재해 발생으로 입는 피해는 기본적으로 같다. 따라서 f(t)와 f′(t)는 같아지게 되고 결국 f′(β)=f(α)=k가 됨을 알 수 있다. 이는 복구 투자의 수준은 도시가 기존 정상적인 기능을 회복할 때까지 이루어져야 함을 의미하며 시간을 앞당길수록 R의 규모는 더욱 커지게 된다.

반면 예방 투자의 경우를 들면 상황이 달라진다. 복구 투자의 경우 기후 변화로 인한 재해 발생 당시 도시의 방어 능력에 차이가 없기 때문에 도시 기능 저하는 동일하게 k 수준까지 떨어지게 된다. 하지만, 예방 투자는 도시의 방어 능력을 향상시킬 수 있기 때문에 당초 f(t)보다 향상된 방어 수준을 가지기에 도시의 기능 저하는 k″로 떨어지게 된다. 이 경우 도시가 입는 피해액은 $\int_T^r k-g(t)dt$가 되고, 예방 투자가 없었을 경우에 비해 $\int_T^r g(t)-f(t)dt+\int_T^a k-f(t)dt$=P만큼의 피해 감소 효과를 보게 된다. 이때 P는 예방 투자 효과로서 재해 발생 이전 예방 투자로 인해 도시 기능의 회복이 촉진됨을 의미하며 원활한 복구로 인해 피해 기간이 단축되는 효과를 의미한다.

양변을 t에 대해 미분하게 되면, g(r)−f(r)−g(t)+f(t)−f(α)+f(r)=0라는 항등식을 얻게 되고, 식을 정리하면 g(r)−g(t)+f(t)−f(α)=0가 된다. 이는 다시 g(r)−f(α)=g(t)−f(t)가 되는데 여기서 g(t)−f(t)의 값은 0보다 크게 된다. 예방 투자의 효과가 기후 변화로 인한 재해 발생의 초기 피해를 줄이기 때문이다. 따라서 g(r)>f(α)가 성립되어 시간 단축 효과뿐만 아니라 기존의 서비스 수준보다 더욱 향상된 도시 기능을 갖게 된다. 결국 예방 투자는 복구의 시간을 단축시킬 수 있을 뿐만 아니라 좀 더 향상된 도시 기능을 확보할 수 있게 되는 장점이 있다. 결국 기후 변화에 대한 예방 투자는 복구 투자보다 효율적인 대안이 될 수 있음을 의미한다.

3 예방 투자와 복구 투자의 정책 순위

앞서 기후 변화 적응정책의 유형을 기후 변화 요소와 비기후 변화 요소로 나누어 살펴보았다. 이 절에서는 예방 투자와 복구 투자의 정책 순위를 적응정책의 유형과 연계하여 살펴보도록 하겠다.

결국 R과 P는 예방 투자와 복구 투자가 어느 정도 수준에서 이루어지는가에 따라

도시의 기후 변화에 대한 안전성 확보 수준과 대안이 달라질 수 있다. 이에 대해 정부의 의사결정자는 다음 세 가지 경우로 나누어 의사결정을 진행할 수 있을 것이다.

첫째, 복구 투자 효과(R)가 예방 투자 효과(P)보다 크다고 판단하는 상황이다. 이 경우 기후 변화에 대응하여 취해지는 정책 특성은 불확실성에 대한 안정적 대응의 맥락으로 파악될 수 있다. 기후 변화에 대한 예측불가능성이 심하다고 판단하여 예방 투자를 진행하는 것보다 재해가 발생한 후 복구 투자를 하는 편이 훨씬 안정적이라고 판단하는 것이다. 예측불가능성으로 인해 향후 기후 변화로 발생할 재해 가능성에 대한 정보도 부정확할 뿐더러 이를 대처할 정책 대안 역시 준비가 되어 있지 않은 경우에 해당한다. 예산 배분 역시 불확실한 예방 효과를 기대하며 할당하기보다는 사후 복구 투자와 같이 확실한 상황에서 투자를 희망하게 된다. 이에 해당하는 대표적인 대응 사례로 재해보험을 들 수 있다. 재해보험은 재해가 발생하기 전 상황에서 재해 발생 후의 상황을 가정하며 예상되는 복구 투자를 산정하게 된다. 하지만, 재해보험은 기후 변화로 인한 재해 피해 위험 자체를 줄이기보다 노출된 위험과 손실에 대해 보상을 통해 지원을 하는 것이므로 기후 변화로 인한 위험에 대한 노출을 고의적으로 증가시키게 되어 오히려 피해액을 늘릴 수 있다는 우려도 있다. 이 같은 재해 대응은 기후 변화 의사결정에서 A형과 D형에 가깝다고 볼 수 있겠다. 결국 기후 변화 요소에 대해 과소 평가함으로써 사후적 대응을 선택하는 유형이라고 볼 수 있다. 이는 비기후 변화적 요소가 적다고 낙관한 나머지 지방정부가 기후 변화 대응정책에 지나치게 소홀하고 있음을 보여준다. 지방정부의 기후 변화에 대한 무관심은 결국 정보의 부재에서 나타날 수 있기에 이럴 경우 중앙정부의 효과적인 정보 제공 및 교육과 훈련이 필요하다.

둘째, 예방 투자 효과(P)가 복구 투자 효과(R)보다 크다고 판단하는 상황이다. 이 경우 정책결정자는 예방 투자에 대해 적극적인 고려와 투자를 할 수 있다. 다만, 예방 투자가 제대로 이루어지기 위한 전제 조건이 수반된다. 먼저, 기후 변화로 인해 발생하는 재해의 불확실성에 대한 인식이 명확해야 하며, 해당 지역의 위험 특성을 정확히 파악하고 있어야 한다. 또한, 위험 상황을 예방하기 위한 정책대안을 가지고 있어야 한다. 정확한 정보 수집과 분석을 통해 파악된 위험지역 인식은 예방 투자 효과를 극대화시킬 수 있다. 과거 잦은 풍수해로 막대한 피해를 경험했던 도시들의 경우 침수지역과 같은 피해지역을 구체적으로 파악할 수 있다. 이 경우 과거 경험이 해당 지역의 위험을 구체화시킬 수 있으며 구체화된 위험에 적응하기 위한 예방정책을 수립하는 데에 도움이 될 수 있다. 상습 침수구역에 대한 보호를 위해 건립되는 제방 및 내수 불량에 따른 침수 위험 해소를 위한 배수로 확장 공사 등과 같은 정책은 이에 해당될 수 있다. 한편, 해안도시의 경우 기후 변화로 인한 해수면 상승으로 위험할 수 있기에 사전 예방적 차원에서 해안도시의 바닷가 인접부에 제방과 같은 구조물을 건설하여 향후 발생할 수 있는 재해에 미리 대처하는 경우도 이에 해당된다. 이 같은 유형은 기후 변화 의사결정에서 B형과 C형에 가깝다고 볼 수 있다. 지방자치단체 수준에서 미래에 발생할 수 있는 위험에 대해 높은 가치를 부여하고 있다는 것은 기후 변화 요소에 대해 충분히 숙지하고 있음을 의미하며, 간혹 과잉 대응의 우려도 있을 수 있음을 의미한다. 충분한 정보를 토대로 이루어진 의사결정이라면 과잉 대응의 우려가 없겠지만 부화뇌동 형식의 따라하기 기후 변화 적응정책은 B형과 C형의 유형으로 빠져들 수 있다. 과잉 대응(over-adaptation)과 오대응(mis-adaptation)을 피하기 위해서는 정확한 정책분석이 수반되어야 한다.

셋째, 예방 투자 효과(P)와 복구 투자 효과(R)가 같다고 판단하는 상황이다. 이 경우 정책결정자의 선택은 복구 투자로 선회할 가능성이 크다. 사전에 투자해서 예산을 소모한 투자 효과가 사전 투자 없이 복구 투자만으로 이루어진 복구 효과와 같다면 미리 예산을 투자할 필요가 없음을 의미한다. 또한, 기회비용의 측면에서도 정책결정자는 예방 투자 재원을 다른 곳에 사용하여 효용을 극대화하고 기후 변화 대응 전략에 대해서는 사건 발생 후 복구 투자전략을 선택하게 될 것이다.

이상에서 살펴본 결과를 종합해 보면, 이론적으로 볼 때는 기후 변화에 따른 위험관리 전략으로서 예방 투자전략이 효과적으로 나타나지만 결국 의사결정 단계에 이르게 되면 예방 투자정책과 복구 투자정책 사이의 우선순위는 예방 투자보다 복구 투자로 기울어지는 경향을 갖게 됨을 알 수 있다. 결국, 기후 변화로 인한 불확실성을 예측할 수 있는 분석과 함께 예방 투자사업에 대한 구체성이 확보되지 않을 경우 예방 투자의 효과성은 정책결정 과정에서 채택되기 어려워지게 됨을 의미한다.

제 7 장 기후 변화 연구의 다이내믹스

1 기후 변화의 연구 동향

1992년 브라질 리우데자네이루에서 UN 환경개발회의(UNCED) 참가국들 간 기후변화협약이 체결된 이후 20년간 기후 변화 영향의 중대성과 대응의 필요성에 대한 연구는 대내외적으로 활발하게 이루어져 왔다. 기후 변화가 한 분야에 국한된 것이 아니라 경제·사회 등 다양한 부문에 영향을 미침에도 불구하고 초기 기후 변화 연구는 다양한 학제간 연구를 보여주지 못했다. 이 같은 연구 흐름은 2000년대 들어서 급격히 변화되면서 다양한 학문적 접근으로 기후 변화 대응을 위한 연구들이 수행되었다. 최근 기후 변화에 대한 학문적 관심은 최고조에 달하고 있다. 기후 변화가 다양한 분야에 영향을 미치는 만큼 공학, 농수해양, 사회과학, 인문학, 자연과학 등 다양한 연구 영역에서도 기후 변화 연구가 이루어지고 있다. 이 같은 기후 변화의 연구 추세는 우리나라에서도 예외는 아니다. 기후 변화의 영향으로 사회 전반에 영향을 미치고 있어 기후 변화의 피해를 최소화하기 위한 온실가스 감축과 기후 변화에 적응하기 위한 다양한 노력이 연구 경향에 반영되어 나타나고 있다(최충익·강보영, 2012).

기후 변화 연구 특성을 이루는 두 가지 축은 완화(mitigation)와 적응(adaptation)이라고 볼 수 있다. 기후 변화 연구의 초기 단계에서는 완화에 관한 연구가 주를 이루었다. 우리나라도 2008년 저탄소 녹색성장이 국정 기조로 채택된 이후 녹색산업과 기술 개발을 위한 온실가스 감축에 관심이 집중되었다. 상대적으로 재해의 예방과 관리라는 기후 변화 적응에는 소홀해 왔음을 부인할 수 없다. 사실 IPCC(2007) 보고서에서도 대부분의 서방 선진국도 온실가스 감축이라는 완화정책(mitigation policy)에 더 많은 정책의 에너지를 쏟고 있음을 지적하고 있다. IPCC 보고서에 의하면, 대부분의 국가가 기후 변화 역량의 90% 이상을 완화에 치중하고 있으며, 10% 미만의 역량만을 자연재해 대응과 같은 기후 변화 적응정책에 투자하고 있었다(IPCC, 2007; 고재경, 2011).

이제는 축의 변화가 일어나고 있다. 2011년 남아프리카공화국 더반에서 열린 제17차 유엔기후변화협약 당사국총회(COP 17)에서는 기후 변화 정책의 전환이 필요함을 단적으로 보여준다. 교토의정서가 취약한 법적 구속력을 가지고 있기 때문에 주요 온실가스 배출국들은 자국의 경제를 희생시키고 싶지 않은 심리가 작용한다. 기후 변화 국제 협상을 둘러싼 다양한 각국의 입장 차이는 결국 국가별 완화정책이 호락호락하지 않음을 단적으로 보여주고 있다. 이제 우리나라도 적응에 점차 많은 관심을 보이기 시작했으며 그 성향은 연구 결과로 나타나기 시작했다. 완화와 적응은 기후 변화 대응이라는 동일한 목표를 갖지만 상이한 정책을 취하고 있기에 매우 역동적 양상을 지닌다(Bizikova et al., 2007). 기후 변화 연구 특성 분석은 이 같은 완화와 적응의 역동적 변화의 특징을 잘 나타내준다.

이 장에서는 지금까지 다양하게 수행된 국내 기후 변화 관련 연구의 특성을 연결망 분석과 내용분석을 통해 살펴보고 있다. 최근 급격히 늘고 있는 기후 변화 연구의 내용과 흐름을 파악해 보는 것은 학문적으로도 중요한 의미 있는 과정이라고 판단된다.

구체적으로, 국내 기후 변화 연구의 특성을 다양한 관점에서 살펴보기 위해 내용분석을 통해 기후 변화 연구의 특성을 분석했으며, 핵심어(keyword)에 의한 텍스트 분석을 통해 기후 변화 연구 흐름과 특성을 살펴보았다. 아울러, 기후 변화 연구의 역동성을 내용분석과 연결망분석(NA)을 통해 파악해 보고자 한다. 국내 기후 변화 연구가 어떻게 이루어져 왔는지 그 흐름과 특징을 분석해 봄으로써 기후 변화 연구가 걸어온 길을 짚어보고, 향후 정책 수립을 위한 방향성을 제시하고자 한다.

2 기후 변화 연구의 복합성: 융합과학으로의 접근

기후 변화 연구는 크게 온실가스를 감축하려는 완화정책과 기후 변화로 발생한 영향을 관리하는 적응정책으로 구분될 수 있다(Klein et al., 2007; IPCC, 2007). 20년 전 국제사회는 온실가스를 감축하기 위한 야심찬 공조계획을 수립했고, 1997년 유엔기후변화협약(UNFCCC)의 주도하에 교토의정서가 맺어졌다. 그 후 온실가스 감축은 전 세계의 이슈가 되어 활발한 연구가 진행되었고, 우리나라 정부도 적극적인 동참 의지를 밝히며 각종 연구가 진행되었다. 하지만, 국제사회에서 각국이 가지는 입장이 첨예하게 대립되고 기후변화협약이 법적 구속력 측면에서 취약하여 온실가스 감축에 대한 국제적 합의가 제대로 이루어지지 못해 왔다. 사실 탄탄한 국제 공조가 이루어지지 않은 상태에서 선진국들 간 온실가스 감축은 제3 국가들의 온실가스 배출을 더욱 증가시킬 개연성이 많기 때문이다. 2011년 개최된 더반 회의(COP 17)는 코펜하겐 회의(COP 15)와 멕시코 회의(COP 16)에 이어 국제사회 공조의 어려움을 재확인해 주는 자리가 되었다. 더반 회의의 최대 이슈는 2012년 말로 시한이 종료되는 교토의정서의 연장 여부였는데 그나마 교토의정서의 시한을 2013~17년으로 연장함으로써 기후 변화 협상이 법적 공백 상태로 빠지는 것을 막았다는 것이 성과라고 볼 수 있다(KDI, 2012). 기후 변화 완화정책에 대한 국제사회 공조의 어려움은 기든스의 역설(Giddens's paradox)로 표현될 수 있다. 지구온난화의 위험이 직접 체험되지 않고 일상생활에서 거의 감지할 수 없을 때에 국가들은 끔찍한 위험이 다가오더라도 아무런 조치를 취하지 않고 기다리게 된다는 것이다(Giddens, 2009).

그 때문에 국가들은 서서히 외면받았던 적응정책에 관심을 돌리고 있다. 사실 온실가스 특성상 당장 감축하더라도 앞으로 수십 년 동안 기후 변화가 진전되는 것을 막을 수 없기 때문이다(Klein et al., 2007). 온실가스 줄이기에만 급급했던 국제사회의 노력도 IPCC 3차 보고서 이후 적응의 중요성과 필요성에 주목하고 있다. 기후 변화 적응은 부정적 영향을 최소화하는 대신 긍정적 영향을 새로운 기회로 활용하는 선택적인 행동으로 간주된다. 완화정책이 기후 변화 관련 위해를 발생시키는 원인을 줄이는 행동인 반면 적응은 위험에 대한 취약성과 노출을 저감하려는 노력으로 파악된다(IPCC, 2007; McEvoy et al., 2006). 이 같은 적응 능력은 기후 변화의 영향에 대처하는 능력으로 경제적 자원, 제도적 역량, 사회적 자본, 인적 자본, 기술적 대안 등에 의해 결정된다(Cutter et al., 2000; Yohe & Tol, 2002; 고재경, 2011).

기후 변화 완화정책과 적응정책의 관계에 대한 논란이 존재한다. 두 정책이 작동하는 영역이나 방식을 바라볼 때 통합적 접근이 어렵다는 경쟁적 관점과 시너지 효과를 강조하는 상호 보완적 관점이 있다. 클라인 외(Klein et al., 2007)는 적응보다 완화에 더 많은 자원을 투자해야 하며 적응과 완화를 위한 자원 배분이 서로 경쟁 관계에 있음을 주장한다. 그는 완화와 적응정책의 공간적·시간적 스케일이 다르기 때문에 이 같은 차이가 형평성의 문제를 발생시킨다고 주장한다. 완화정책은 장기적으로 나타나기에 미래 세대의 이익에 가치를 부여하는 반면 적응정책은 현 세대의 피해를 줄이는 데 목표를 둔다는 것이다(McEvoy, 2006). 반면, 윌뱅크스 외(Wilbanks et al., 2007), 댕 외(Dang et al., 2003), 고클래니(Goklany, 2007) 등은 완화와 적응의 상호 보완적 관계에 주목하면서 두 정책의 최적 조합을 찾아야 한다고 주장한다.

기후 변화 완화정책이건 적응정책이건 모두 한 가지 목표를 가지고 있다. 결국 동일 목표에 대한 서로 다른 접근이 많은 논란을 불러일으키고 있다. 그럼에도 불구하고 최근 기후 변화 전문가들 사이에서 형성된 중요한 공감대는 기후 변화 위험을 효과적으로 줄이기 위해 다양한 적응과 완화의 포트폴리오가 적절하게 활용될 필요가 있다는 것이다. 완화와 적응의 시너지 효과가 정책의 비용효과성을 높여 이해당사자들의 수용성을 향상시킬 수 있다는 것이다(Wilson & Piper, 2010; Biesbroek et al., 2009). 윌슨과 파이터(Wilson & Piper, 2010)와 댕 외(Dang et al., 2003)의 연구는 기후 변화 대응의 융복합적 성격이 기후 변화 연구에도 나타나고 있음을 단적으로 보여준다.

라만 외(Raman et al., 2012)는 기후 변화 연구 동향에서 지구온난화와 함께 기후 변화 영향에 대한 완화와 적응을 언급하면서 기후 변화 대응을 위한 융복합적 연구가 필요함을 역설하고 있다. 이는 복잡한 기후 변화 영향에 대한 단일 학문적 접근보다 융복합적 접근이 더욱 효과적임을 시사한다.

국내 기후 변화 연구는 앞서 고찰된 국제사회의 기후 변화 연구 이슈와 맥락을 같이한다. 국내에서도 기후 변화가 미치는 영향에 대해 광범위한 공감대가 형성되어 여러 방면의 다양한 연구가 이루어졌다. 국내의 경우 2000년 중반까지 주로 완화정책에 초점을 두고 연구가 이루어졌다.

내용을 살펴보면 기후변화협약에 따른 탄소배출권거래제에 관한 연구가 주를 이루고 있으며, 기후 변화 대응 체계와 관련한 거버넌스에 대한 논의가 활발했다. 온실가스를 줄이기 위한 정부간 협의체가 구성되고 이산화탄소를 줄이기 위한 탄소배출권 거래에 대한 연구들이 활발했다(이준규 외, 2010; 오진규, 1996). 그리고 EU의 기후 변화협약에 따른 대응 정책을 평가하고 그를 통해 향후 기후 변화 관련 사안에 국내에서의 효율적인 대응을 위한 시사점을 제시하는 연구도 이루어졌다(유상희 외, 2008). 일각에서는 기후 변화 정책에서 기후 변화 문제가 대다수 중앙부처들이 관여하는 정책 영역이므로 효과적인 정책 조정 체계의 필요성을 주장했다(윤경준 외, 2010). 국제사회의 기후 변화 공조에 대한 비판적 관점도 나타나기 시작했다. 특히 윤순진(2002)은 국제사회의 기후 변화 정책 기조를 정치경제학적으로 파악하며 기후 시장의 형성과 자연의 자본화 전략을 중심으로 논의하며 비판적으로 바라보고 있다. 기후 변화 정책 관련뿐만 아니라 기후변화협약에 따른 이산화탄소 규제의 의무에 따라 배출권거래제에 관한 연구도 많이 이루어지고 있었다. 이들 연구는 지구온난화의 원인과 영향에 대해 전 세계적으로 동의를 하고 있으며, 온실 가스 감축을 둘러싼 이해 당사자들 간의 논쟁이 지속적으로 나오고 있다고 주장하면서 배출권 거래제를 통한 국가 간 협력을 강조하고 있다(신상범, 2010; 김용건, 1999; 황인창, 2008).

국내 기후 변화 연구의 두드러진 특징으로 사례연구를 들 수 있다. 상당수의 기후 변화 정책 관련 연구는 국외의 사례를 고찰하고 이를 통해 국내에 적용하는 방안을 모색하는 연구를 수행했다. 김주진(2007)은 한국과 일본의 기후변화협약 정책 과정을 비교 분석하여 양국의 기후변화협약 정책 형성 과정에 대해 검토·비교한 후 이를 토대로 국내의 정책적 시사점을 모색했다. 윤순진(2007)은 온실가스 감축을 위해 영국과 독일의 기후 변화 정책을 검토하여 정책의 수립 과정과 배경 및 이념적 기초에 대해 고찰했다.

기후 변화 적응과 관련하여 자연과학적·공학적 연구가 비교적 활발히 이루어졌다. 기후 변화에 따른 식생의 변화, 산림의 변화, 농업의 변화 등에 대해 생태계의 적응 문제가 심각하기 때문이다. 기상과 기후가 식물의 성장의 중요한 요소임을 말하면서 식물의 성장에서 기후 변화의 중요성에 대해 연구가 이루어졌다(서명석 외, 2005; 이승범 외, 2003). 기후 변화에 관한 공학적인 연구를 보면 기후 변화가 수자원, 홍수, 가뭄 등에 미치는 영향 분석이 주를 이루고 있다. 또한 기후 변화 관련 공학 분야 연구는 주로 기법을 통한 기후 변화 적응 연구들이 주로 이루어지고 있었다(김병식 외, 2011; 김다은 외, 2011; 정대일 외, 2008). 특히 공학 분야에서는 수자원에 관한 연구들이 주를 이루고 있는데, 기후 변화에 따라 기후가 변화하면서 물이 부족한 지역은 가뭄으로, 물이 많은 곳은 홍수에 대한 적응 이슈가 등장한다.

기후 변화 적응의 사회과학적 접근은 기후 변화에 따른 취약성 및 영향평가에 관한 연구가 주를 이룬다. 기후 변화에 따른 각 지역별 취약성을 도출하는 방법론에 관한 논의에서 지방자치단체의 기후 변화 적응에 관한 실증연구까지 다양하게 이루어졌다(고재경 외, 2008; 최충익, 2011; 유가영 외, 2008; 심우배 외, 2009). 특히, 기후 변화 적응정책이 완화에 비해 지역성을 지니기에 지역의 특수성을 반영한 적응정책 연구가 최근 활발해지고 있다(최충익, 2011; 고재경 외, 2008). 한편, 기후 변화 적응 취약성 연구는 방법론에 관한 연구는 활발한 반면 지역 특수성을 반영한 연구는 그에 비해 부족한 편이다. 이는 구체적인 취약지역이 공개될 경우 지가 및 지역 이미지 등에 부정적 영향을 미칠 수 있기 때문에 해당 지방자치단체 및 주민이 강하게 반발하기 때문이다.

3 미디어 분석으로 본 기후 변화 연구 흐름

국내 기후 변화 연구는 40년 전부터 시작되었지만 활발한 연구는 최근 10년간에 집중적으로 이루어졌다. 1970년 기후 변화 연구를 시작으로 2011년 9월 현재까지 197건의 연구가 이루어졌지만 기후변화협약이 있었던 1992년과 그 이후인 1993까지 기후 변화에 대한 연구는 거의 없었던 것으로 나타났다. 1994년에 들어 기후 변화 연구가 본격적으로 시작되었고 그 이후로 1~4편의 논문이 발표되고 있지만 1990년대는 전체의 약 1.5% 정도의 연구만이 이루어졌다. 2000년대에 들어서 연구가 90년대에 비해 약간 늘어났지만 2001~2005년까지의 연구는 20건으로 전체의 10%에 불과했다. 2005년 이후부터 기후 변화에 대한 국내 연구가 활발해져서 2006년부터 2011년 9월까지 연구를 보면 과거에 비해 큰 폭으로 늘어났다. 2010년 한 해 기후 변화 연구를 보면 약 28%(55건)로 1990년대에 비해 10배 가까이 늘었다([그림 7-1]).

표 7-1 기후 변화 연구 추세(전체)

연도	건수	백분율
1990-1995	8건	4%
1996-2000	13건	6.5%
2001-2005	20건	10%
2006-2011	156건	79.5%
합계	197건	100%

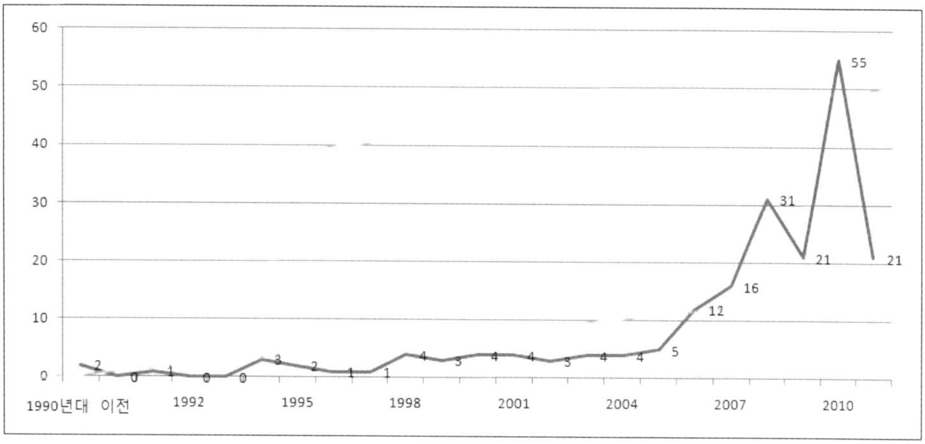

그림 7-1 연도별 연구 추이

<표 7-1>과 [그림 7-1]은 이 같은 추세를 잘 보여주고 있다. 1970년에 시작된 기후 변화 연구가 2000년대 중반까지 1~4건으로 매우 적게 이루어지다가 2000년대 후반에 들어 큰 폭으로 늘어나고 있다. 특히 2008년에 31건, 2010년에 55건으로 90년대에 비해 많은 연구가 이루어졌는데, 이는 기후 변화에 따른 자연재해 피해가 커짐에 따라 기후 변화에 대한 관심이 높아졌기 때문인 것으로 보인다.

이와 같은 현상은 90년대에는 국내에서 기후 변화에 따른 피해나 체감이 크지 않았으며 기후 변화 그 자체가 이슈화되지 못했지만 2000년대에 들어서면서 전 세계적으로 기후 변화에 대한 중요성 및 대응의 필요성이 대두된 데에 기인한다. 국내에서는 기후 변화에 따른 사회 · 경제 · 생태계 등의 문제가 이슈화되기 시작했으며, 이에

따라 기후 변화 대응의 중요성이 커지고 이에 관한 연구가 크게 증가한 것으로 보인다. 기후 변화에 대응을 위한 범세계적인 노력과 국내에서의 기후 변화 연구가 증가하는 현상이 무관하지 않을 수 있다.

기후 변화 영향이 한 분야에 국한되어 나타나지 않기 때문에 기후 변화 연구 역시 다양한 학문 분야에서 수행되고 있었다. 연구 영역별로 얼마나 연구가 이루어지고 있는지 살펴보기 위해 연구 영역을 크게 공학, 자연과학, 사회과학, 인문학, 복합학 총 5개의 연구 영역으로 구분했다. 연구 영역은 한국연구재단에서 분류한 등재지 학술지 목록을 기준으로 했으며 분류된 내용은 다음과 같다.

기후 변화 연구는 공학 41편(20.8%), 농수해양 26편(13.2%), 복합학 3편(1.5%), 인문학 5편(2.5%), 사회과학 90편(45.7%), 자연과학 32편(16.2%)으로 나타났다. 연구 영역별로 연구 현황을 보면, 기후 변화 연구가 자연과학이나 공학뿐만 아니라 사회과학에서도 활발하게 이루어지고 있음을 알 수 있다(<표 7-2>). 그래프를 통해 연도별 연구 영역의 추세를 보면, 사회과학에서 1990년대 이전부터 2011년 9월까지 매우 큰 폭으로 연구가 증가하고 있음을 볼 수 있다. 그뿐만 아니라 2000년대 후반에 들어서면서 공학의 연구도 활발하게 이루어지고 있으며, 자연과학에서는 1990년대 이전부터 2011년 9월까지 큰 폭을 보이고 있지는 않지만 꾸준하게 연구가 이루어지고 있음을 볼 수 있다([그림 7-2]).

1990년대에는 공학, 농수해양, 사회과학, 자연과학에서 기후 변화에 관련하여 연구가 시작되었고, 1990년대 후반에는 공학, 농수해양, 자연과학보다는 사회과학에서의 기후 변화 연구가 이루어지고 있다. 자연과학과 농수해양은 2000년대 후반에 들어서 조금씩 연구가 늘어나고 있지만 연구가 눈에 띄게 늘어나지는 않았고, 복합학과 인문

표 7-2 연도별 연구 영역 추세

분야 / 연도	공학	농수해양	복합학	인문학	사회과학	자연과학	합계
1990~1995	1	2	0	0	2	3	8
1996~2000	1	2	0	0	7	3	13
2001~2005	1	4	0	0	7	8	20
2006~2011	38	18	3	5	74	18	156
합계	41	26	3	5	90	32	197

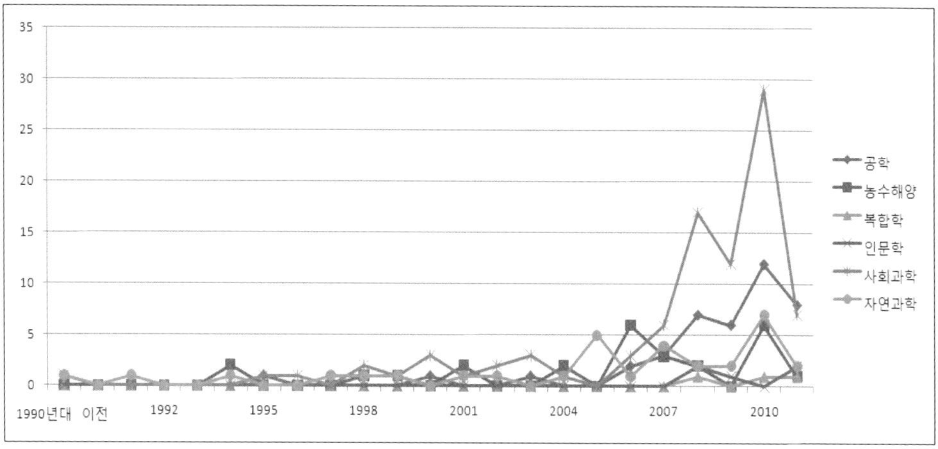

그림 7-2 연도별 기후 변화 연구 추세

학에서도 2000년대 후반에 들어 1~2편의 연구가 이루어졌다.

이와 같은 결과는 크게 다음 두 가지의 의미로 해석될 수 있다. 첫째, 기후 변화가 단순히 자연환경에만 영향을 미치는 것이 아니라 점차 사회·경제 전반에 걸쳐 영향을 미치고 있음이 연구 경향에도 나타나고 있다. 이는 기후 변화 대응을 위한 다양한 학문적 접근이 이루어져야 함을 의미하고 학제간 연구의 필요성을 단적으로 보여준다. 공학, 사회과학, 자연과학 외에도 기후 변화에 대한 관심이 점차 증가하고, 기후 변화가 다양한 학문에 걸쳐 영향을 미치고 있기 때문이라고 볼 수 있다. 기후 변화 이슈가 전 세계적으로 부각되고, 관련 연구가 자연과학, 공학, 사회과학뿐만이 아니라 인문학, 복합학에 이르기까지 모든 분야로 확대되고 있다. 이는 기후 변화가 한 분야에 국한되어 발생하는 것이 아니라 다양하고 포괄적으로 나타나는 만큼 각 분야의 공동 연구를 통해 기후 변화 연구에서 더 심층적이고 포괄적인 연구가 진행되어야 함을 시사한다.

둘째, 기후 변화 영향 및 대응에 대한 과학적이고 기술적인 연구를 수행하는 공학 및 자연과학적 접근 분야와 사회과학 분야의 연구 비중이 균형을 이루고 있다는 점이다. 이는 국내 기후 변화 연구가 성장 단계에 들어섰음을 단적으로 보여준다.

IPCC와 UNFCCC 등 기후 변화 연구를 이끄는 국제기구의 연구 추세에서도 자연과학과 공학 관련 연구가 초기에 이루어지고 이어서 인문·사회과학 연구가 뒤따르는 양상이 나타난다. 기후 변화 연구가 사회과학 분야에서도 활발하게 이루어졌다는 사실은 현재 국내에서 기후 변화 연구가 점차 성숙한 균형 단계로 진입하고 있음을 의미한다. 최근 5년의 연구가 전체 연구 분량의 80%를 차지하고 있는 것은 기후 변화에 대한 학문적 접근이 점차 성숙 단계로 진입하고 있음을 시사한다.

기후 변화 연구 특성을 파악하기 위해 기후 변화 논문들을 기후 변화 완화와 적응으로 분류해 살펴보았다. 기후 변화 완화와 적응 연구 경향을 간단히 나타내면 <표 7-3>과 같다. 기후 변화 완화와 적응으로 나눌 수 있는 연구 논문 외에 기후 변화에 따른 각 분야의 현 상태를 나타내는 논문이나 기후 변화 연구의 필요성을 피력한 연구 논문은 기타로 분류했다.

분류의 신뢰도(reliability)를 확보하기 위해 총 표본의 15%에 해당하는 30건의 기사를 무작위 추출하여 다른 코더(coder)의 분류와 일치도를 조사했다. 코더 간 신뢰도 계산 방법은 여러 가지가 있지만 이 연구에서는 홀스티(Holsti, 1969)와 스콧(Scott, 1955)이 제시한 방법을 통해 신뢰도를 계산했다. 홀스티(Holsti, 1969)는 일치도에 따른 백분율을 가지고 명목적 자료의 신뢰도를 결정하는 공식을 제시하고 있으며, 이와 같은 계산법은 신뢰도=2M/(N1+N2)이다. 홀스티의 계산법에 따라 계산해 보면, 무작위 추출된 샘플 30편 중 24편이 일치하여 80%의 신뢰도를 나타내었다. 홀스티의 방법은 간단하고 계산이 쉬운 반면에 코더 간의 일치를 보이는 것 중에는 순전히 우연하게 일치하는 경우가 생길 수 있다는 사실과 그러한 우연의 일치가 분석에서 사용한 유목들의 수에 달려 있다는 점을 고려하지 않았다는 비판을 받고 있다(Wimmer & Dominick, 1994). 이와 같은 단점을 극복하기 위해 2차적으로 스콧의 파이지수(pi index)를 이용하여 신뢰도를 구해 비교해 보았는데, 스콧의 파이지수는 유목수(category number)는 물론 이용의 확률빈도(probable frequency of use)도 교정해 주는 장점이 있다. 스콧의 파이지수는 pi= x(관찰된 일치도의 %)-(기대된 일치도의 %) / 1-(기대된 일치도의 %)로 표현된다(최충익, 2011 재인용). 스콧의 파이지수를 통해 계산해 보면 (0.8-0.07)/(1-0.07) = 0.73/0.93 = 0.78이 된다. 스콧의 파이지수와 홀스티의 신뢰계수법에 따른 지수가 유사하게 나타나 이 연구의 분류가 신뢰할 만한 것으로 판단된다.

기후 변화 연구 내용을 완화와 적응, 그리고 기타로 분류한 결과 기후 변화 완화 연구가 61건(31%), 적응 71건(36%), 기타 65건(33%)로 나타났다. 분야별 대응을 살펴

표 7-3 분야별 기후 변화 연구 현황

분야 \ 연구 내용	완화	적응	기타	합계
공학	3	24	14	41
농수해양	5	12	9	26
복합학	1	0	2	3
인문학	2	1	2	5
사회과학	45	29	16	90
자연과학	5	5	22	32
합계	61	71	65	197

보면 <표 7-3>과 같나. 기후 변화 연구에서 완화 연구는 사회과학에서 45건으로 가장 많이 이루어지고 있으며, 적응은 사회과학에서 29건, 공학에서 24건으로 가장 많이 이루어지고 있다. 또한 기후 변화 추세 분석 및 기후 변화에 따른 현황을 분석한 논문들도 사회과학 16건, 공학 14건으로 복합학, 인문학 및 자연과학에 비해 활발하게 연구가 이루어지고 있음을 알 수 있다.

연도별 기후 변화 연구를 살펴보면 <표 7-4>와 같다. 1990년대 이전 기후 변화에 따른 기온의 변동에 관한 논문을 시작으로 2011년까지 기후 변화 일반에 관한 연구들이 꾸준히 이루어지고 있다.

IPCC 1차 보고서가 발표된 1990년 이후 이산화탄소가 기후 변화에 큰 영향을 미치는 원인으로 부각되면서 이를 줄이기 위한 완화정책들이 쏟아져 나왔다. 하지만,

표 7-4 완화 및 적응 연도별 추이

연도 \ 연구 내용	완화	적응	기타	합계
1990~1995	4	1	3	8
1996~2000	5	2	6	13
2001~2005	6	5	9	20
2006~2011	46	63	47	156
합계	61	71	65	197

1990년대 기후 변화 완화에 관한 연구는 실제로 활발하게 이루어지지 못했다. 반면에 적응 연구는 2003년 IPCC 3차 보고서 이후 적응의 필요성이 대두됨에 따라 연구가 활발하게 이루어졌다. IPCC 3차 보고서가 나온 2003년 당시에는 기후 변화 적응에 관한 연구가 적었지만 이후 점차적으로 기후 변화 적응에 관한 연구가 활발해졌다. 특히, 2010년에 26건으로 가장 활발하게 이루어지고 있음을 알 수 있는데, 이는 정부에서 정책적으로 기후 변화 완화뿐만이 아니라 기후 변화 적응에 초점을 두고 연구에 집중적으로 투자했기 때문이라고 볼 수 있다.

2007년에 있었던 IPCC 제4차 보고서에 따라 궁극적으로 기후 변화 적응이나 완화 둘 중 한 가지만으로는 기후 변화 영향을 피하거나 줄일 수 없으며, 두 가지가 상호 보완될 때 기후 변화에 의한 전 지구적 위험성을 줄일 수 있다고 발표함에 따라 기후 변화 연구에서 적응 및 완화의 통합 연구의 필요성이 대두되었다. 하지만 아직 국내에서의 적응 및 완화의 통합 연구는 미비한 것으로 나타났으며, 학술 논문을 통한 적응 및 완화의 통합 연구는 제대로 이루어지지 않고 있었다. 복합학과 관련한 연구가 불과 3편에 불과한 사실은 이를 잘 반영한다. 각 분야의 연구를 살펴보면 기후 변화 완화에 관한 연구는 사회과학에서 가장 많이 이루어지고 있는 반면에 기후 변화 적응에 관한 연구는 공학에서 가장 많이 이루어지고 있음을 알 수 있다. 흥미로운 사

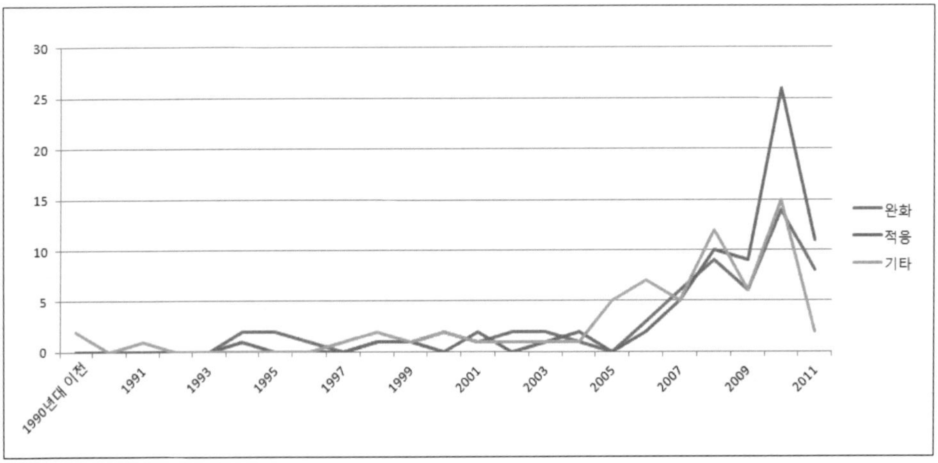

그림 7-3 연도별 기후 변화 연구 경향

실은 기타로 분류된 연구 분야인데 이들의 내용은 주로 거버넌스를 다루고 있다. 완화 및 적응과 함께 국제사회와 국내의 기후 변화 거버넌스에 대한 관심이 급증하고 있음을 확인했다.

기후 변화 대응인 완화와 적응 및 기타 연구의 흐름을 그래프로 보면 전반적인 연구의 추세를 파악할 수 있는데 연도별 기후 변화 적응 연구 경향을 그래프로 살펴보면 [그림 7-3]과 같다.

앞서 분석한 바와 같이 1990년대부터 2000년대 중반까지는 기후 변화 완화와 적응의 연구가 비슷하게 이루어지고 있다가 2005년 이후 완화와 적응에 관한 연구가 크게 늘어난다. 특히 기후 변화 적응은 2005년을 기점으로 2010년에 연구가 가장 많이 이루어지고 있으며, 2005년 이후 꾸준히 적응 연구가 지속적으로 이루어지고 있음을 알 수 있었다. 기후 변화 완화와 적응에 관해 연도별 영역을 보면 <표 7-5>와 같다.

<표 7-5>와 같이 인문 · 사회과학에서는 기후 변화 완화에 관한 내용이 전반적으로 많이 나타나고 있으며, 자연 · 공학에서는 기후 변화 적응에 관한 내용이 주를 이루고 있다. 인문 · 사회과학과 자연/공학 역시 2001년에 발표된 IPCC 3차 보고서 직후에는 국내 연구에서 적응에 관한 연구는 미비하다가 2006년에 들어서면서 두 분야에서 기후 변화 적응에 관한 연구가 활발해졌다.

1990~1995년에는 인문 · 사회과학에서는 완화 연구만이 이루어졌고, 자연/공학에서는 완화와 적응의 연구가 이루어졌지만 완화 연구가 더 이루어졌다. 1996~2000년에는 인문 · 사회과학과 자연 · 공학에서 완화 연구와 적응 연구가 모두 이루어졌는데, 인문 · 사회과학에서는 완화에 관한 연구가 적응 연구보다는 많이 이루어졌음을

표 7-5 분야별 완화-적응 연도별 추이

항목 / 연도	인문 · 사회과학		자연 · 공학	
	완화	적응	완화	적응
1990~1995	1	0	3	1
1996~2000	5	1	0	1
2001~2005	6	0	0	5
2006~2011	34	29	12	34
합계	46	30	15	41

알 수 있다. 2001~2005년에는 인문·사회과학에서는 완화와 관련한 연구만이 이루어졌고, 자연·공학에서는 적응과 관련한 연구만이 이루어졌음을 볼 수 있다. 마지막으로 2006~2011년 9월까지 인문·사회과학과 자연·공학에서 기후 변화 완화와 적응에 관한 연구가 이루어졌으며, 이때에는 이전에 비해 기후 변화 완화와 적응 연구가 매우 크게 증가했다. 2006~2011년 9월까지 인문·사회과학에서는 완화와 적응의 연구가 비슷하게 이루어졌지만 적응보다는 완화의 연구가 많았으며, 자연·공학에서는 적응 연구가 완화 연구보다 활발한 것으로 나타났다.

특이한 점은 인문·사회과학 분야에서 기후 변화 적응보다는 기후 변화 완화에 관한 연구가 주로 이루어지고 있다는 것이다. 이는 인문·사회과학에서 국내의 기후 변화 연구에서 이산화탄소 배출, 기후변화협약, 기후 변화 정책, 그리고 기후 변화 전반에 관한 연구에 초점을 맞추고 있기 때문에 나타난 현상으로 보인다. 반면에 자연·공학을 살펴보면, 기후 변화 완화보다는 기후 변화 적응에 관한 연구가 주를 이루고 있음을 알 수 있다. 이와 같은 현상이 나타난 이유는 기후 변화 적응을 위해 자연·공학적 분석에 의한 적응 옵션 개발을 위한 것으로 판단된다. 한편, 아직까지 국내 기후 변화 연구에서는 완화와 적응의 통합에 대한 기후 변화 연구는 활발하게 이루어지지 않고 있는 것으로 나타났다. 기후 변화 대응에서 완화와 적응의 통합 연구가 지속적으로 이루어져야 할 필요성을 내포하고 있다. 기후 변화 연구에서 완화와 적응을 따로 보기보다는 완화와 적응의 통합을 시도하는 만큼 국내에서도 기후 변화 완화와 적응의 통합을 위한 학문적 연구가 필요한 것으로 보인다. 기후 변화 완화와 적응에서 통합적인 연구가 이루어진다면 좀 더 효과적인 기후 변화 대응이 가능해질 것으로 기대해 본다.

4 기후 변화 연구의 다이내믹스: 연결망분석(NA)

연결망분석을 위해 기후 변화 관련 논문 197건의 핵심어(keyword)를 활용해 텍스트 분석을 시행했다. 텍스트 분석을 위해 전체 기후 변화 197건의 논문의 핵심어를 분석했고, 핵심어의 빈도를 통해 연구 경향을 파악했다. 분석을 위해 저자들이 설정한 핵심어를 대상으로 삼았으며, 각 핵심어에 대한 출현 빈도를 기준으로 주제어를 나열하여 5회 이상 출현한 주제어를 기후 변화 관련 연구의 핵심 주제어로 설정하여 핵심 주제어 간 네트워크 분석을 했다. 검색 결과 844단어가 검색되었으며 기후 변화 연구 경향을 보기 위해 844단어를 재분류했고, 유사하거나 동일한 색인어를 재분류한 결과 397단어(인문 · 사회 183단어, 자연 · 과학 214단어)의 핵심어를 분석 대상으로 했다. 분석의 용이성을 위해 기후 변화 연구의 경향을 크게 인문 · 사회와 자연 · 공학으로 나누어 경향 분석을 실시했다. 앞서 분석했던 복합학과 농수해양은 자연 · 공학의 범주로 설정했다.

인문 · 사회 분야에서 최빈 핵심어는 탄소배출권이 19회로 가장 많이 나타났고, 그 다음으로는 환경 17회, 교토의정서 16회, 신재생/에너지 15회, 기후 변화 적응 13회, 온실가스 12회, 기후변화협약 11회, 기후 변화 정책 9회로 가장 많이 나타나고 있다. '기후 변화'는 이번 분석의 검색 핵심어에 해당되어 SNA 분석에서는 제외시켰다.

인문 · 사회과학에서 기후 변화 연구 경향을 살펴보면, 기후 변화의 주원인인 이산화탄소의 배출에 관한 연구가 주를 이루고 있음을 확인할 수 있었다. 아울러 온실가스 배출을 제한하여 지구온난화를 방지하기 위한 국제기구인 UN기후변화협약(UNFCCC)과 지구온난화 규제와 방지를 위한 구체적 이행 방안으로서 교토의정서도 인문 · 사회과학에서 기후 변화와 함께 주요 이슈로 다루어지고 있었다([그림 7-4] 참조).

기후 변화에 대한 적응과 완화의 연구가 이루어지고 있으며 인문 · 사회과학 분야에서 적응에 관한 네트워크 강도가 완화보다 큰 것으로 나타났다. 특이한 것은 기후 변화 연구에서 신재생 에너지의 필요성에 대해 공학이 아닌 인문 · 사회과학에서도 비중 있게 다루어지고 있었다는 점이다. 이 같은 현상은 기후 변화 대응에 따른 이산화탄소 감축과 더불어 향후 친환경적 에너지 생산을 위한 신재생 에너지 개발에 대한 정책적 관심이 높음을 의미한다.

자연 · 공학 분야의 핵심어 네트워크 분석은 [그림 7-5]에 나타난다. 빈도 분석 결과를 살펴보면 자연 · 공학 연구도 역시 지구온난화가 11회로 가장 많이 나타났고, 그 다음으로는 농업 10회, 적응 9회, 온실가스 8회, 강수 8회, 이산화탄소 7회, 가뭄 7회, 환경 6회, 지자체 5회, 도시 5회, 토지 이용 5회로 가장 많은 핵심어로 분석되었다.

자연 · 공학의 네트워크 분석을 보면 인문 · 사회과학과 전반적으로 유사하지만 몇

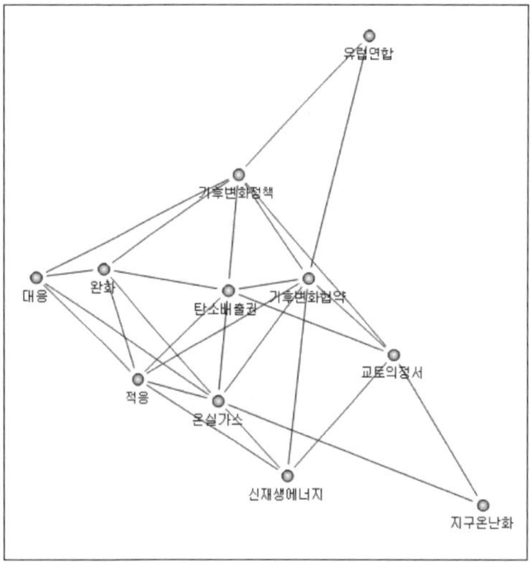

그림 7-4 인문·사회과학 핵심어 네트워크 분석

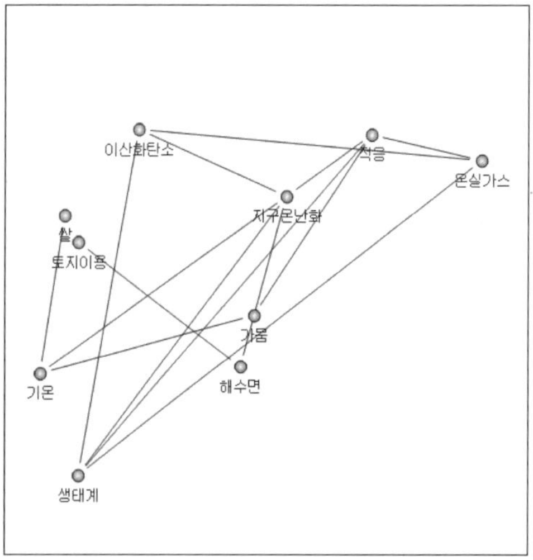

그림 7-5 자연·공학 핵심어 네트워크 분석

가지 특이한 핵심어가 등장한다. 특히, 지구온난화에 대한 연구 주제가 활발했으며, 이산화탄소에 따른 지구온난화 문제의 심각성과 이에 따른 대응책 마련을 위한 연구가 이루어지고 있었다. 또한 기후 변화가 농업에 심각한 영향을 미침에 따라 기후 변화에 따른 농업 분야에서 대응의 필요성에 관한 연구가 많이 이루어지고 있었다. 한편, 온실가스 배출을 줄이기 위한 기술적 대응에 관한 연구 관심도 크게 작용하고 있었다. 기상·기후학적 측면에서 기후 변화에 따른 강수의 변화에 관한 연구와 함께 기후 변화에 따른 도시 내 인프라 구축을 위한 도시계획적 접근에 대한 관심도 높았다.

무엇보다 기후 변화에 따른 영향평가, 취약성평가, 시나리오와 같은 기후 변화 영향평가에 관한 연구들이 많이 이루어지고 있으며, 기후 변화에 따른 리스크와 불확실성에 관한 연구도 이루어지고 있었다. 또한 여러 기법을 통해 기후 변화 연구에서 공학적 분석 방법을 통해 기후 변화에 접근하고 있었다.

전반적으로 기후 변화 영향이 다양한 만큼 각 분야에서 이루어지는 연구 핵심어 간 네트워크 역시 복잡하게 나타났다. 자연·공학 분야의 핵심어 네트워크를 살펴보면, 가뭄, 해수면, 토지 이용, 기온, 쌀, 생태계, 온실가스, 적응, 이산화탄소와 같은 핵심어들이 지구온난화를 중심으로 긴밀하게 연계되어 있음을 확인할 수 있었다. 이는 이공계 분야에서의 연구가 주로 지구온난화 현상에 높은 비중을 두고 있음을 보여준다. 이와 더불어 이산화탄소 배출 및 생태계에 위협과 같은 주제가 연구되고 있었다. 특히 지구온난화는 기후 변화의 주된 현상이며, 기온 변화가 가뭄과 쌀 생산과 같은 농업 분야에 심각한 영향을 미치고 있음을 짐작할 수 있다. 또한 해수면 상승이 생태계 및 토지 이용과 네트워크를 보이고 있어 기후 변화에 따르는 환경적 관심에 더해 도시계획적 대응에도 점차 관심의 범위가 넓어지고 있음을 알 수 있다.

이상에서 내용분석과 연결망분석(SNA)을 통해 국내 기후 변화 연구의 흐름과 특징을 분석해 보았다. 기후 변화 연구 동향과 관련한 이 연구의 실증 분석 결과에 따른 정책적 시사점과 결론을 정리해 보면 다음과 같다.

첫째, 기후 변화 연구의 시간적 특성을 볼 때, 2000년대 후반의 연구 비중이 전 분야에 걸쳐 매우 높게 나타났다. 최근 5년간 기후 변화 연구가 전체의 80%를 차지하고 있는 것은 기후 변화에 대한 학문적 접근이 성장 및 성숙하고 있음을 단적으로 보여주었다. 연결망분석 결과에 의한 공동 연구의 비율 역시 최근 5년간 급속히 증가되고 있음을 보여주고 있었다. 1990년대에는 자연재해 영향과 피해를 입었어도 기후 변화 그 자체가 이슈화되지 않았던 반면, 2000년대에 들어서면서 국가 어젠다로 전면에 부각되기 시작한 데에 기인한 것으로 판단된다. 아울러, 기후 변화에 대응하기 위한 범세계적인 노력과 국내에서의 기후 변화 연구가 증가하는 현상이 무관하지 않을 수 있다.

둘째, 기후 변화 연구의 내용적 특성을 살펴보면, 사회과학 분야에서는 기후 변화 완화와 관련한 연구가 많이 이루어지고 있으며, 공학에서는 기후 변화 대응에 관한 연구가 주로 이루어지고 있음을 파악할 수 있었다. 이는 사회과학에서 온실가스 배출 감축을 위한 각종 법·제도적인 장치를 비롯한 거버넌스 마련에 대한 논의가 활발했고, 공학에서는 과학적인 방법을 활용하여 기후 변화 피해를 최소화하기 위한 과학적·기술적인 적응 대책에 대한 연구가 활발했던 것으로 풀이된다.

셋째, 기후 변화 연구의 융복합적 특성을 살펴보면, 기후 변화 연구를 다루는 학문 분야의 범위가 점차 커지고 있었다. 네트워크 분석을 통해 자연·공학, 인문·사회과학 분야의 기후 변화에 대한 연구 주제가 매우 다양하게 나타나고 있음을 확인할 수 있었다. 기후 변화 연구는 자연과학, 공학, 사회과학뿐만이 아니라 인문학, 복합학에 이르기까지 전 분야에서 걸쳐 이루어지고 있었다. 이는 기후 변화가 단순히 자연환경에만 영향을 미치는 것이 아니라 점차 사회·경제 전반에 걸쳐 영향을 미치고 있음을 의미한다. 아울러 적절한 기후 변화 대응을 위해 다양한 학문적 접근이 이루어져야 함을 의미하고 학제간 연구의 필요성을 단적으로 나타낸다. 이는 기후 변화가 한 분야에 국한되어 발생하는 것이 아니라 다양하고 포괄적으로 나타나는 만큼 각 분야의 공동 연구를 통해 기후 변화 연구에서 더 심층적이고 포괄적인 연구가 진행될 수 있음을 시사한다.

기후 변화 연구의 분석 기간이 짧기에 연결망분석에 따르는 경향과 특성을 일반화시키기에 주의할 필요가 있다. 무엇보다 기후 변화에 관한 연구가 최근 5년간 급격하게 이루어져 장기적 경향을 파악하기 어려울 수 있으며, 향후 이에 관한 지속적인 연구가 이루어질 필요가 있다. 향후 해외 연구와 비교하며 분석이 이루어진다면 기후 변화 연구 동향에 관한 추세와 특성이 더욱 명확하게 나타날 것으로 기대된다.

제 3 부

기후 변화 도시 대응의 공간적 역동성

제3부는 기후 변화 도시 대응의 공간적 역동성을 다루고 있다. 불확실성으로 야기되는 시간적 역동성과 함께 다양한 국가와 도시들이 양산하는 공간적 특성은 기후 변화 도시 대응의 공간적 역동성을 낳는다. 기후 변화 자연재해의 위협과 영향은 공간 특성에 따라 편차가 크다. 도시 공간의 형태와 이용 특성에 따라 기후 변화 영향은 다르게 나타난다. 기후 변화 도시 대응을 위한 공간적 메커니즘과 공간계획 전략에 대한 이해가 필요한 이유이다. 더불어 기후 변화 도시 대응의 공간적 역동성을 완화와 적응의 선택이라는 논의로 접근하고 있다. 상충적 관계로만 인식되어 온 완화와 적응에 대해 균형과 조화의 관점에서 담론을 편다. 한편 효과적인 기후 변화 대응을 위해 야전사령관 역할을 수행해야 하는 지방자치단체에 주목하고 있다. 위기가 될 수도 있고 기회로 만들 수 있는 지방자치단체의 기후 변화 대응 담론을 살펴보도록 하겠다.

제 8 장 위협받는 도시: 기후 변화 영향과 대응

1 기후 변화 재해로 위협받는 도시 공간

기후 변화 위협은 여러 부문에서 다양한 현상으로 나타나지만 특히 사연재해의 형태로 공간지역에 나타나 피해를 극대화시키는 경향이 있다. 많은 사람이 모이고 각종 도시 시설이 밀집해 있는 도시지역은 기후 변화로 인해 가장 취약한 지역이라고 볼 수 있다.

1) 해수면 상승

기후 변화의 대표적인 현상은 주로 지구온난화의 형태로 발생한다. 지구온난화로 인해 발생 가능한 대표적인 결과가 바로 해수면 상승(sea level rise)이다. 해수면 상승은 단순히 그 자체로 끝나는 것이 아니라 그 영향이 해발고도가 낮은 지역의 침수, 염수의 침입, 연안 생태계의 훼손, 그리고 해수면 상승 이전과 비교했을 때 폭풍 해일(storm surge)로 인한 피해의 증대 등을 들 수 있다. 세계의 많은 도시가 연안지역에 있고, 도시의 인구밀도가 높다는 점을 고려할 때 기후 변화로 인한 피해와 파급효과를 줄이기 위해 앞으로의 도시의 대응전략이 필수적이다. 해수면의 상승은 도시 재해를 발생시키는 중요한 원인을 제공한다. 해수면 상승으로 백사장의 해안 침식과 안정된 단애나 경사면이 대규모 침식을 받아 해안 지형 변화를 발생시킨다. 또한 태

그림 8-1 빙산의 해빙과 해수면 상승

자료: 미국 연방 과학재단(http://www.nsf.gov/news/mmg/mmg_disp.cfm?med_id=66478).

풍 및 쓰나미에 따른 파고 변화가 빈번할 뿐만 아니라 규모가 증대된다. 그 결과 해안의 방조 수문이나 배수 펌프 등의 배수시설에 의해 홍수나 고조(高潮)에 따른 연안 재해를 막고 있지만, 하천으로 인한 내수 범람이나 연안에 입지한 도시들의 제내지(堤內地) 배수 불량이 증가할 수 있다.

2) 해안 침식에 의한 재해

기후 변화에 따른 해수면 상승은 표사(漂砂, drift sand) 이동의 불균형을 야기하며, 연안을 따라 광범하게 침식 및 퇴적 현상을 발생시킨다. 연안 침식 결과 연안도시 해역의 수심은 깊어지며, 해안선이 연안도시 측으로 후퇴하게 된다. 이런 해안 침식에 의한 재해(beach erosion disaster)는 백사장 침식, 사구 붕괴, 연안 호안 붕괴 등의 다양한 형태로 나타나고 있다(한국방재협회, 2008). 해안 침식을 야기하는 표사 이동의 원인은 하구 개발, 항내 준설, 해안선을 따라 건설된 해안도로 및 항만 구조물 건설 등이 있다. 우리나라 동해안에서 발생하는 해안 침식의 원인은 인위적으로 건설된 항만 구조물로 인해 해안을 따라 평행하게 움직이는 표사가 저지된다. 그 결과 구조물 주변의 백사장 침식이 발생하게 된다. 또한 연안을 따라 건설된 호안 및 해안도로 등의 구조물 때문에 반사파가 증가된다. 이로 인해 인근 해역의 파랑 및 흐름 등 물리적인 변화가 발생하게 되며, 이러한 변화는 연안 사주(砂洲)의 형성을 저해하여 자연의 저사(貯砂) 기능을 파괴함으로써 외해(外海) 방향으로의 표사를 발생시킨다(한국방재협회, 2008).

이런 현상은 동해안 해안선에 따라 빈번히 발생하게 된다. 특히 연안도시에 표사의 유입과 유출의 평형은 하천의 댐과 건설된 하천 구조물에 영향을 받는다. 연안도시 내의 하천 구조물 때문에 하천으로부터의 공급되는 유입 토사가 감소될 뿐만 아니라 하구 내의 골재 채취 및 준설로 해안으로 유입되는 유사(流砂)의 현저한 감소로 해안 토사의 유실이 발생하게 된다.

그림 8-2 동해안 지역의 해안 침식

그림 8-3 호주 시드니 연안의 해안 침식

3) 폭풍 해일에 의한 재해

태풍이나 열대 저기압 및 고기압의 통과로 기압의 변동이 발생하게 되며, 바람 등에 의해 해수면이 상승되는 현상을 폭풍 해일(storm surge)이라고 한다. 이런 폭풍 해일은 정상 상태의 비교적 수심이 얕은 만 내에서 한쪽 방향으로 부는 풍속의 바람 변화로 전단력(剪斷力)과 조위(潮位)의 높이가 증가하게 된다. 그러므로 이런 폭풍 해일이 발생하게 되면, 도시 내 해안 리조트 구조물 전복, 교각 및 대교 붕괴, 항만

그림 8-4 미국 미시시피 주에서 발생한 폭풍 해일에 의해 파괴된 철로

자료: NOAA Photo Library

부두시설 파괴 등의 피해가 발생하게 된다. 도시환경을 이루는 각종 구조물 등은 폭풍 해일에 의해 파괴되고 훼손될 수 있으며, 이 경우 심각한 도시 기능의 저해가 발생하기 때문에 적절한 대응전략이 필요하다.

4) 쓰나미에 의한 재해

해저의 지진에 의해 발생하는 장파로 해안에 파고의 증가가 발생하게 되며, 이로 인한 해수는 수평 방향으로 이동할 시간도 못 지닌 채 같은 방향인 연직 방향으로 변위를 갖게 된다. 그 결과 연안지역의 해면은 주변의 해면과 상승 또는 하강의 수위차를 이루게 된다. 쓰나미(津波, Tsunami)의 경우 연안도시에 직접적인 피해를 입힐 수 있다. 특히, 인천이나 부산과 같은 대규모 연안도시의 경우 쓰나미는 매우 위협적인 기후 변화 재해가 될 수 있다([그림 8-5], [그림 8-6] 참조).

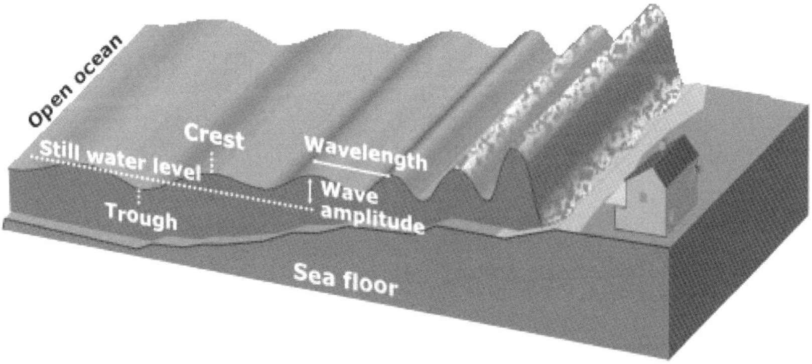

그림 8-5 쓰나미 발생 도식도

그림 8-6 2011년 일본 후쿠시마에서 발생한 쓰나미

자료: http://blog.naver.com/why_not_c

5) 강풍 및 고파에 의한 재해

최근에는 지구온난화로 인한 해수면 상승은 물론 해양환경 변화로 태풍, 온대성

저기압 등에 의한 강풍(strong wind)을 발생하게 한다. 그 결과 높은 해파가 발생하여 도시를 강타하게 되어 많은 재해를 발생시킨다. 2003년도 우리나라의 남·동해안을 강타하여 많은 피해를 입힌 태풍14호 매미와 같은 슈퍼 태풍으로 인해 고파랑(high wave)이 발생되었다. 도시의 구조물은 강풍에 취약하다. 특히 고층건물이 많아지는 추세인 고밀화된 도시지역에서의 강풍은 연쇄적인 건물 붕괴로 이어질 수 있어 기후 변화에 의한 강풍으로 심각한 도시 기능 파괴 및 도시환경 훼손이 우려된다.

그림 8-7 강풍으로 승용차를 덮친 컨테이너

자료: 세계일보(2012년 4월 3일자).

2 기후 변화의 공간적 영향과 대응

기상이변(혹서, 폭우 등)에 따른 인적·물적 피해는 매년 반복되고 있고, 2000년 이후에는 태풍 등 기상재해에 따른 경제적 피해가 급증하여 1960년대에는 매년 평균

1천억 원대에서 1990년대 6천억 원대, 2000년 이후에는 2조 7천억 원대로 확대되었다. 이 같은 현상이 순수하게 기후 변화로 인해 촉발되었다고 단언하기는 어렵겠지만 상당 부분 기후 변화와 관련이 있다는 데에 세계가 주목하고 있다(IPCC, 2012). 기후 변화에 따라 이러한 기상이변 발생 빈도는 전 세계적으로 증가 추세이다(IPCC, 2007; IPCC, 2012). 특히 최근 10년간(1996~2005) 강우 패턴의 변화로 우리나라에서도 기상재해 총 피해액이 17.7조 원에 달한다([그림 8-8] 참조).

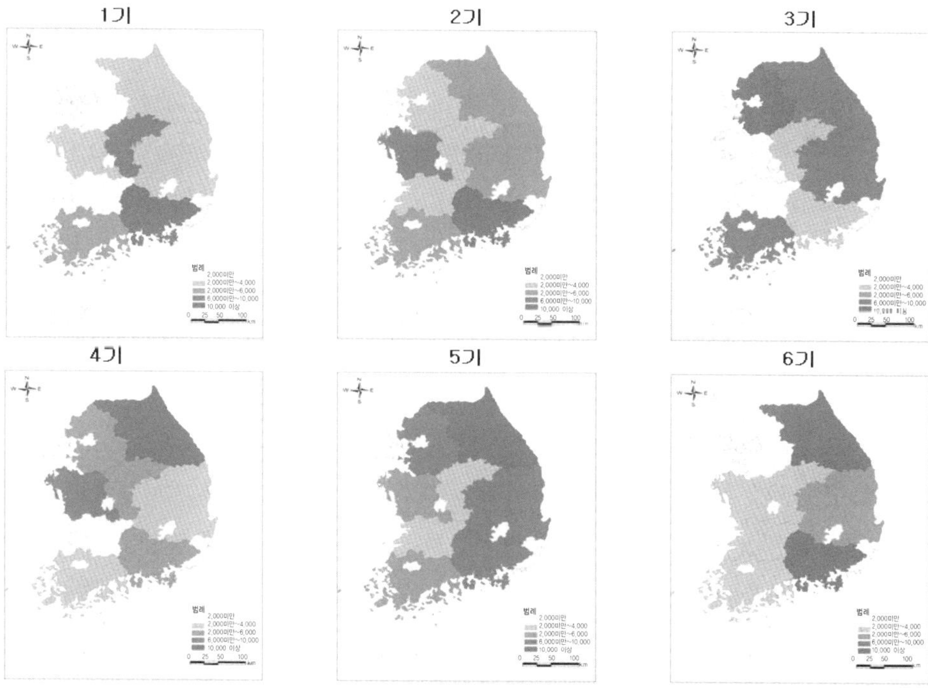

그림 8-8 1979~2007년까지 최근 29년간 5년 단위 재해 피해액 분포도

자료: 해양환경관리공단(2010).

기후 변화 문제는 지구라는 추상적 접근에서 구체화·공간화되어 우리에게 다가오고 있다. 기후 변화의 공간화는 우리의 삶의 터전인 도시와 지역에서 기후 변화 위협이 발생하는 것을 의미한다. 이에 2007년 IPCC는 기후 변화 현상은 명백히 일어나고 있으며, 이것은 인간의 활동에 기인하고 있음을 보고했다(IPCC, 2007).

기후 변화에 대한 대응전략은 주로 지구온난화의 원인인 온실가스 배출을 줄임으로써 기후 변화가 더 이상 진전되는 것을 막는 완화정책(mitigation policy)과 기후 변화의 파급 효과와 영향을 파악하여 그 영향을 최소화하는 적응정책(adaptation policy)으로 나누어 실행되어 왔다. 하지만 지금까지 대부분 기후 변화에 대한 연구나 정부의 대응은 주로 온실가스의 저감에 초점이 맞추어져 적응에 대한 인식과 관심은 상대적으로 부족한 것이 현실이었다.

기후 변화 적응정책에 대한 논의는 완화정책에 비해 제한적으로 이루어져 왔다. 게다가 몇몇 국가에서는 기후 변화 영향(impacts) 및 재난관리(disaster management)라는 개념과도 혼동되어 사용되고 있다(OECD, 2006). 하지만 최근 기후 변화 적응정책에 대한 관심이 고조되고 있으며, 이에 대해 국가의 장기비전계획에 반영하여 체계적으로 대처할 필요가 있다는 공감대가 형성되고 있다(OECD, 2006). IPCC 역시 3차 보고서(IPCC Third Assessment Report: Climate Change)에서 기후 변화 적응에 대해 필연적으로 준비해야 할 것임을 설명했고, 급기야 4차 보고서에 기후 변화 영향(impacts)과 적응(adaptation)에 관한 보고서를 내놓아 관심을 증폭시켰다(IPCC, 2007).

기후 변화의 영향은 기본적으로 전 지구적이지만 구체화되어 나타나는 공간 단위는 바로 도시와 지역이다. 완화정책 측면에서는 단일 지자체의 노력만으로 온실가스 저감 효과는 적겠지만 적응정책 측면에서 공간계획을 담당하는 각 지자체의 기후 변화 적응 능력 향상은 효과적인 대응 방안이 될 수 있다. 기후 변화 영향에 의한 피해가 발생하는 곳은 지자체이며 이를 줄이기 위한 일차적 대응기관 역시 지자체이다(최충익, 2011). 한편, 지자체마다 기후 변화에 의해 영향을 받는 자연적 및 사회경제적 환경이 모두 다르기 때문에 지역 특성에 기반을 둔 적응정책을 수립할 필요가 있다.

3 기후 변화 영향의 지역적 편차

기후 변화는 국가 및 도시와 지역이라는 공간 체계 속에서 다양한 영향을 미친다. 모든 국가 및 도시와 지역이 기후 변화의 영향을 받지만, 지형·문화·산업 형태 등

지역별 특성에 따라 차이가 나타난다. 국가적으로 보면 2010년 파키스탄과 같이 지구촌 어떤 곳은 비가 많이 와서 홍수로 인해 극심한 피해를 입는가 하면 호주나 중앙아시아 지역의 사막지대는 비가 오지 않아 극심한 가뭄으로 피해를 입는다.

동일한 국가 내에서 지역별로 기후 변화 영향이 다르게 나타나기도 한다. 수도권 지역인 서울·인천·경기의 경우 2·3차 산업이 집중도가 99%에 달하기 때문에 기후 변화에 따른 에너지 수급과 관리적 측면에서 영향을 많이 받고 지형적 위치에 의한 연간 황사 발생 일수도 다른 지역보다 월등히 빠르게 증가하여 대부분의 황사 피해가 쉽게 발생할 수 있는 특징을 지닌다. RCP 시나리오에 의한 시뮬레이션에 따르면 황사 일수 변화율 증가폭이 높은 지역의 1~3위가 인천(0.333일/년)이며 경기도(0.314일/년), 서울특별시(0.283일/년)가 그 뒤를 잇는다 (국립환경과학원, 2012).

우리나라는 여타 국가에 비해 상대적으로 영토가 좁음에도 불구하고 다양한 기후 변화 영향을 나타낸다. 충북은 다른 지역에 비해 온난화가 느린 편이지만, 청주는 2050년에 아열대 기후 진입이 전망된다. 대전·충남은 우리나라 평균적인 기온을 보

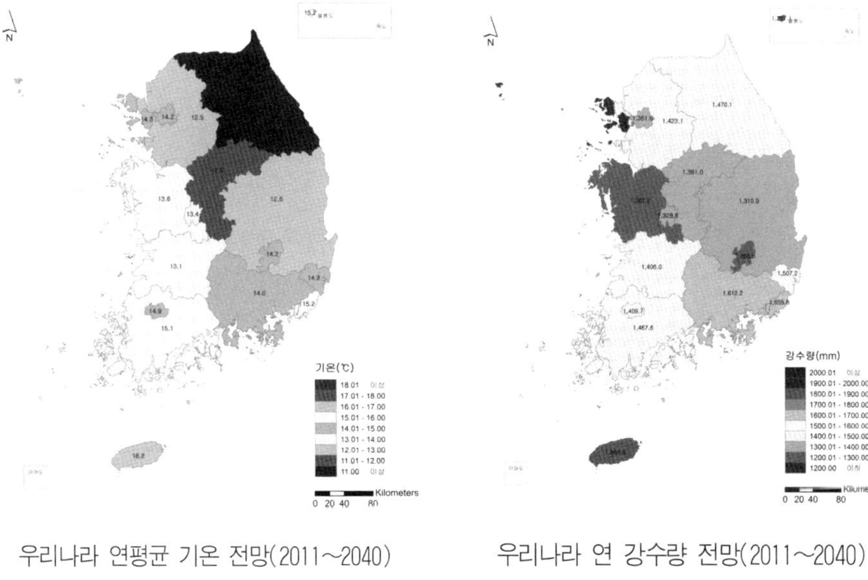

우리나라 연평균 기온 전망(2011~2040) 우리나라 연 강수량 전망(2011~2040)

그림 8-9 우리나라 연평균 기온 및 연 강수량 전망

자료: 국립환경과학원(2012).

이는 지역이지만 도시화된 대전이 충남보다는 다소 높은 평균 기온을 보일 것으로 전망된다. 이는 도시화 정도에 따라 기후 변화 영향에 차이가 나타난다는 것을 보여준다([그림 8-9] 참조).

대구의 경우 분지 형태의 지형으로 여름철 폭염 등 고온과 관련된 지수는 점진적으로 증가하고 반대로 저온과 관련된 지수는 감소할 것으로 전망된다. 대구는 태국과 같이 덥고 습한 날이 한 달 보름간 지속될 것으로 분석되고 있다. 기상청(2011) 연구 역시 대구지역의 열대야 발생 일수가 점차 늘어날 것이라고 전망한다(15.3일(2001~2010년) → 18.0일(2021~2030년) → 30.6일(2041~2050년)).

동해 연안의 경우 빠른 해수면 상승으로 해안 침식이 심화될 가능성이 높다. 이는 연안 개발에 따른 연안류 변화, 골재 채취, 연안 육지의 피복으로 모래 공급원 차단 등의 인공적인 요인과 최근 엘리뇨, 라니뇨 등 지구온난화에 따른 해수면 상승, 너울성 파랑, 태풍 등 잦은 기상이변 등의 자연적 요인이 작용할 수 있기 때문이다. 무엇보다 해안지역의 경우 해양생태계의 변화에 영향을 많이 받는 경향이 있다. 해수 온도 상승과 바다 환경오염에 따른 해파리 대량 발생 및 새로운 아열대성 어류의 동해 출현 등도 기후 변화 영향의 대표적 사례이다.

광주·전남지역의 경우 지리적으로 가깝지만 최근 평균 기온 상승에서 커다란 차이를 보인다. 광주의 연평균 기온 증가율(1.0℃)은 전국에서 높은 편이나 전남지역은 전국 최저(0.4℃)를 보인다.

제주도의 경우 기후 변화로 인해 관광산업이 점차 영향을 더 많이 받을 것으로 전망한다. 예를 들어 대표적인 관광명소인 용머리 해안은 해수면 상승에 의한 침수 현상이 발생하여 점차 사라질 수 있으며, 한라산 고산지역은 구상나무 등의 아고산대 생태계가 점차 해발고도가 높은 지역으로 후퇴하고 있어 21세기 말경 사라질 우려가 있다는 지적이다.

제 9 장 기후 변화 대응의 공간적 메커니즘

1 기후 변화 대응과 도시계획

기후 변화의 영향이 구체화되어 나타나는 공간 단위는 바로 도시와 지역이다. 기후 변화 영향에 의한 피해가 발생하는 곳이 지방자치단체이며 이를 줄이기 위한 일차적 대응기관 역시 지방자치단체이다. 한편, 지자체마다 기후 변화에 의해 영향을 받는 자연적 및 사회경제적 환경이 모두 다르기 때문에 지역 특성에 기반을 둔 적응정책은 불가피하다. 기후 변화에 대한 지자체의 관심과 대응 노력은 활발해지고 있으나 체계적인 기후 변화 대응 시스템이 마련되지 못하고 있는 실정이다. 기후 변화 문제에 적극적인 지방자치단체조차도 온실가스 위주로 대책을 수립하고 있어 기후 변화의 심각성 인식에 비해 적응정책에 대한 논의와 기존 연구는 미진한 상태에 있다. 더욱이 연안도시의 경우 기후 변화 적응에 대한 문제가 심각함에도 불구하고 어떤 공간계획적 차원의 적응정책이 필요한지 제대로 문제 인식조차 하지 못하고 있는 상황이다.

도시계획적 기법은 도시와 지역의 기후 변화 적응을 위한 근본적인 대책이 될 수 있다. 위험한 지역에 대한 근원적 대비를 통해 재해 상황이 발생하기 전 재해를 차단할 수 있는 원천적 수단이 되기 때문이다. IPCC(2012) 역시 토지이용계획을 통해 위험에 노출된 지역에서 사람과 재산을 분리시키는 유용한 수단으로 사용됨을 강조하고 있다. 아울러 기후 변화에 대응하는 도시의 공간적 대응은 비용효과적(cost-effective)이다. 도시기본계획이나 도시관리계획과 같은 공간계획을 통해 사전에 기후 변화에 대응하는 것이 아무것도 하지 않아 피해를 입는 것과 비교하면 매우 효과적일 수 있기 때문이다.

기후 변화 관련 정책과 연구의 주된 흐름은 주로 온실가스 저감이라는 완화정책에 초점을 두고 진행되어 왔다. 최근에서야 기후 변화 적응에 관한 연구가 비교적 활발해지고 있다. 기후 변화 취약성과 관련한 연구는 사례연구를 비롯해서 비교적 다양하게 연구가 진행되어 왔다. 그렇지만, 구체적인 기후 변화 적응정책을 도출하고 실행방안을 수립하는 데에는 여전히 해결해야 할 과제들이 많이 남아 있다. 기후 변화라는 거대한 지구촌의 흐름 속에 도시화는 이제 새로운 국면을 맞이하게 되는 상황이다. 그 때문에 연안에 위치한 도시들은 더욱 미래의 기후 변화에 취약한 상황으로 치닫고 있다. 이 같은 측면에서 기후 변화 대응의 역동성은 다른 어떤 곳보다 연안지역에서 찾아볼 수 있다.

기본적으로 전 지구가 기후 변화 위험에 노출되어 있지만 각별히 주의를 필요로 하는 곳 중 하나가 바로 연안도시이다. 연안도시는 바다에 인접해 있기 때문에 해수면 상승에 따른 영향을 직접 받기도 하며 각종 해양재해의 직접적인 피해 공간이 되기 쉽다. 그 때문에 연안도시는 기본적으로 내륙도시에 비해 기후 변화에 취약하다고 볼 수 있다. 연안도시의 기후 변화 취약성과 이에 대한 적응 대책 수립이 절실한 이유가 여기에 있다.

기후 변화로 인한 취약성은 여러 부문에서 다양한 형태로 나타나지만 특히 해안지역에 많이 나타난다. 이것은 기후 변화의 주요 현상이 지구온난화의 형태로 발생하며, 이로 인해 발생 가능한 대표적인 결과가 바로 해수면 상승이기 때문이다. 해수면 상승은 단순히 그 자체로 끝나는 것이 아니라 그 영향이 해발고도가 낮은 지역의 침수, 염수의 침입, 연안 생태계의 훼손, 그리고 해수면 상승 이전과 비교했을 때 폭풍해일(storm surge)로 인한 피해의 증대 등을 야기할 수 있다. 우리나라의 경우도 부산, 인천, 포항 등 주요 도시가 연안지역에 있고, 도시의 인구밀도가 높다는 점을 고려할 때 연안도시의 기후 변화로 인한 피해와 파급 효과를 줄이기 위한 제도적인 장치가 절실하다. 연안도시가 기후 변화 위험에 적절히 적응하는 데에 필요한 각종 제도적 장치를 진단하고 모색해 봐야 할 시점이다. 제도화된 기후 변화 적응정책은 일관적이면서도 구체적으로 공간을 지배하는 실행 효력을 가진다. 향후 각종 도시개발 계획 및 토지이용계획 수립을 위한 실질적 가이드라인 역할을 수행할 수 있도록 근본적인 대응 태세를 갖출 필요가 있다.

2 기후 변화와 연안지역의 공간적 특성

연안지역이 바다와 육지가 만나는 역동적인 공간이라는 말은 연안도시의 기후 변화에 대한 불안정성을 잘 표현해 준다. 연안은 에너지와 물질의 이동이 매우 활발하여 독특한 지형 경관을 형성한다(Vernberg & Vernberg, 2001; 최충익 외, 2012). 그 때문에 연안지역은 다양한 생태적·생물학적 자원을 보유하고 있는 경우가 많다. 그래서 현행 연안관리의 방향 역시 생태적 또는 생물학적 보전 가치에 집중되어 관리되고 있다. 이 같은 연안지역 관리 시스템은 두 가지의 주요 정책적 공백을 낳고 있다(한국해양수산개발원, 2009). 첫째, 생태적·생물학적 가치가 상대적으로 낮은 대다수의 대상은 관리되지 못하는 한계를 지니고 있으며, 둘째, 기후 변화 취약성에 대한 고려가 미진하다는 것이다. 연안도시의 경우 바다에 인접한 특성 때문에 내륙도시의 재해에 추가하여 각종 해일이나 파고로 인해 피해가 가중될 수 있는 만큼 각별한 관리와 적응 체계 구축이 필요하다(Cheong, 2008; 육근형 외, 2008).

한편 연안은 태풍과 해일 등의 자연재해 피해가 집중되는 환경을 지니고 있는데, 앞으로 지구온난화에 따라 해수면 상승과 이상 기상 현상이 자주 그리고 더 강력하게 발생하게 될 경우 우리나라와 같이 국토 면적에 비해 높은 비율의 해안선을 가지고 있는 국가에는 더 위협적일 수밖에 없다(육근형 외, 2008). 전국적으로 연안지역 비율은 인구 비중으로 볼 때 26.6%이며 면적 비중은 32.1%에 해당되지만 자연재해 피해액을 보면 이보다 훨씬 높은 58.4%에 달한다(국토해양부, 2009). 지난 8년간(2000~2007) 연안지역에서 자연재해에 의해 총 2조 1천억 원 규모의 피해가 발생했으며, 연안지역의 침수 면적은 전국의 46.9%, 건물 피해액은 전국의 60.0%, 농경지 피해액은 전국의 45.4%에 해당하여 전반적으로 모두 높은 수치를 기록하고 있다.

사실 연안지역은 인간이 거주하기에 그다지 좋은 환경을 제공하지 못한다. 연안의 불리한 거주환경에도 불구하고 연안의 여러 장점을 활용하기 위해 사람들은 다양한 방식으로 연안환경에 적응해 왔다. 적응 과정에서 지역 주민들은 해안 사구와 같은 연안의 자연적인 경관을 보전하거나 바닷가 수목을 식재해 이른바 내륙의 거주환경이나 농지 등을 보호하면서 연안의 자연성을 유지하고 식재를 통해 해안림을 보정하는 방식으로 연안환경에 적응했다(김학범 외, 1994; 육근형 외, 2008에서 재인용). 하지만, 이 같은 환경이 산업화와 근대화 과정을 거치면서 위협받게 됨으로써 연안도시의 위험성이 가중되었다.

연안도시는 급격한 도시화라는 개발 과정을 거치며 변화했고, 이 같은 변화는 기후 변화로부터 연안도시를 더욱 취약하게 만들게 되었다. 공유수면에 대한 간척과 매립, 그리고 산업단지 개발 등이 이루어지면서 많은 연안이 인공해안으로 바뀌었다. 게다가 연안정비사업 등의 명목으로 해안에 옹벽이나 제방을 건설하면서 육지와 바다는 인위적으로 분리되고 해안의 자연성도 크게 떨어졌다는 지적이다.

또한 연안에 발달한 산업단지로 인해 연안도시는 경제적 성장을 누릴 수 있었지만 유역을 지나는 하천과 해양의 수질은 악화되어 연안과 해양의 쾌적성은 물론 생태적인 활력과 건강성마저 떨어지는 부작용을 낳았다(육근형 외, 2008). 최근 해수면 상승이라는 불확실성 높은 환경 변화가 감지되면서 태풍, 해일 등에 의한 재해 발생의 빈도와 규모가 증가했다. 이 같은 연안재해 위험성 증가 현상은 연안지역 매립 등 인위적인 토지 이용과 해안 개발 등의 요인들과 무관하지 않다(한국해양수산개발원, 2009). 이제 연안도시는 연안 매립과 제방 건설과 같은 구조물 중심의 주먹구구식 기후 변화 대책이 아닌 정책적·제도적인 장치를 통한 근본적인 대책이 필요한 시점이다.

3 기후 변화 대응을 위한 제도적 접근

기후 변화 영향에 대응하는 방식으로는 완화 수단과 적응 수단을 적용하는 방식이 있다. 다양하게 제시된 적응 수단들이 있지만 제도적 뒷받침이 이루어지지 않을 경우 무용지물이 되기 쉽다. 기후 변화로 인한 기상재해는 불확실성이 높아 이에 대한 법제도적인 적응이 동반되지 않으면 기후 변화 적응을 위한 효과적인 시스템이 구축되기 어렵다.

기후 변화에 대한 제도적 대응은 일종의 불확실성 하에서 이루어지는 의사결정으로 파악될 수 있다. 기후 변화에 불확실성이 존재하지 않는다면 이에 대비하는 정책결정의 어려움은 전혀 존재하지 않을 수 있다. 위험한 사건이 언제 발생할지에 대한 시간정보와 어느 곳에서 발생할지에 대한 장소정보가 주어진다면 기후 변화에 대한 적응은 매우 쉬워진다. 하지만 기후 변화가 실제 공간에 미치는 영향을 제대로 이해하고 이에 대비하기가 어려운 것이 현실이다.

불확실성은 위험과 관련된 지식의 정도로 표현될 수 있다(UKCIP, 2003). 기후 변화에 의해 발생할 미래의 위험 상황에 대한 우리의 지식은 늘 불확실성을 가지게 되는데 이 불확실성에 대한 효과적 대응은 향후 기후 변화로 인해 발생할 수 있는 위험상황을 저감할 수 있다(최충익, 2011). 사실 어떤 의사결정은 특정한 결과가 미래에 일어날 것을 알고 있는 상항에서 이루어지는 경우가 있다(Knight, 1921; Tversky & Kahneman, 1992; Camerer & Weber, 1992). 이 경우 의사결정은 명확한 불확실성 하에서(under precise uncertainty) 의사결정이 이루어지는데 이를 위험 상황의 의사결정(decisions taken under risk)이라 부른다. 대부분 의사결정에서 확률을 파악하거나 추정하는 것은 불가능하다. 이를 불확실성 하에서의(under uncertainty) 의사결정이라고 하며 기후 변화의 불확실성 하에 이루어지는 의사결정은 대부분 이에 속하게 된다(Knight, 1921; Morgan & Henrion, 1990). 기후 변화에 적응하는 연안도시의 제도적 대응 역시 불확실성 하에서 이루어지는 의사결정에 해당되며, 이를 통해 미래에 발생할 수 있는 위험을 저감할 수 있다.

기든스(Giddens, 2009)는 기후 변화 적응 문제를 다루는 데에 제도적 접근이 필요함을 강조하면서 능동적 적응(proactive adaptation)과 반응적 적응(reactive adaptation)으로 적응 방식을 구분하고 있다. 그러면서 기후 변화로 인한 악영향이 발생하고 난 이후의 적응보다 악영향이 발생할 것을 예상하고 미리 준비하는 것이 훨씬 효과적이라고 주장한다(Giddens, 2009). 기든스(Anthony Giddens)는 기후 변화 적응의 제도화에 대해 백캐스팅(backcasting) 기법의 사용을 권장한다. 기후 변화에 따르는 위험이 매우 복잡하고 사건 발생의 경향성을 확보하기가 어려우며 장기적으로 계획을 수립해야 하기 때문에 백캐스팅 기법을 통한 제도화가 적절하다는 것이다. 능동적 적응으로서 기든스의 백캐스팅 기법은 연안도시의 기후 변화 적응을 위한 제도적 접근과 일맥상통한다. 백캐스팅은 미래에 달성하고자 하는 어떤 상황을 미리 설정해 놓고 그 상황에 도달하기 위해 현재 어떤 변화를 추구해야 하는지를 모색하는 작업이기에 연안도시의 기후 변화 적응 목표를 설정하고 이를 위한 법적·제도적 장치를 준비하는 것과 연계된다.

UKCIP(2003)는 이 같은 기후 변화에 대한 제도적 대응에 대해 세 가지 측면에서 중요성을 지적하고 있다.

첫째, 제도적 적응 방안은 향후 더 발전된 수단과 전략을 채택할 수 있도록 개방적이고 유연한 시스템을 만들 수 있다. 이는 기후 변화의 불확실성을 반영한 연안도시의 대응 전략의 방향을 설정해 주어 향후 연안도시가 기후 변화에 효과적이고 유연적으로 적응할 수 있는 법적 토대를 마련해 주어야 함을 의미한다(UKCIP, 2003; 해양환경관리공단, 2010).

둘째, 후회 없는 전략(no-regret strategy)과 후회 적은 전략(low regret strategy)을 선택하게 해 준다. 제도적 장치가 없어 제대로 된 적응 수단을 강구하지 못했을 때에 수반되는 강한 후회를 피할 수 있는 기반을 마련해 주는 것이다. 연안도시가 이미 기후 변화와 관련한 심각한 문제를 겪고 있다면 제도적 접근은 더욱 효과적인 전략이 된다.

셋째, 미래에 발생할 기후 변화에 따른 위험관리를 저해하는 요소(adaptation constraining decision)를 피하게 해 준다(UKCIP, 2003; 고재경 외, 2008). 제도적 장치가 동반되지 않을 경우 발생할 수 있는 위험지역에 대해 강력한 사전 예방 조치를 해 줌으로써 위험관리 요소를 사전에 막을 수 있음을 의미한다.

4 기후 변화 적응과 공간계획

기든스(Giddens, 2009)가 주장했던 능동적 적응 개념이 연안도시의 기후 변화 적응에 적용될 수 있는 가장 중요한 매개체는 바로 공간계획이다. 공간계획은 위험지역을 인지하여 사전에 위험한 개발행위가 일어나지 못하도록 예방하는 중요한 기능을 수행한다. 특히 연안도시의 경우 바다에 인접하여 기후 변화로 인한 해수면 상승 및 지진 해일 등으로 인한 취약성이 높기 때문에 공간계획을 통한 사전 예방적 기후 변화 적응정책을 도입하여 대책을 강구하는 것이 합리적이다.

연안도시의 기후 변화 적응을 위해서는 가장 근본적으로 관련 법률 및 공간계획 수립지침 등에 근거한 토지 이용 규제와 같은 법·제도적 접근이 이루어져야 한다는 데에는 학자들 간 큰 이견이 없다(Norman, 2008; ICLEI, 2008). 변화무쌍한 기후 변화로 인한 재해 양상에 관해 좀 더 체계적으로 접근할 수 있기 위해서는 유연한 법·제도적 장치를 강구하여 체계적으로 대응하는 것이 필요하기 때문이다. 독일의 경우 시방서(DIN)에서 연안도시에서 발생할 수 있는 재해에 대한 대응 및 대처 방법에 대해 상세히 언급하고 있다. DIN 4047-2과 DIN 19657에서는 독일 연안도시의 폭풍 해일에 대한 저감 원칙과 기법에 대해 상세히 언급하고 있다(해양환경관리공단, 2010). 연안도시에 국가 경제력이 대부분이 집중되어 있는 호주는 공간계획을 통한 기후 변화 적응 대책 수립의 필요성을 누구보다 잘 인식하고 실천하고 있다. 호주의 위험기반지구(Risk Based Land Use Zoning)는 지역별 취약성 분석 결과를 토대로 해당 지역의 토지이용계획을 수립하는 수단으로서 연안도시의 경우 요긴하게 사용할 수 있는 제도이다. 특히 모든 연안도시 지역을 동일한 위험 수준 가운데 활용하는 것이 아니라 위험의 정도에 따라 개발 강도와 방어 수준이 정해지기 때문에 매우 합리적인 계획 기법이다(DCC, 2009).

연안도시의 기후 변화 적응을 위한 도시계획적 수단은 위험지역에 대한 개발을 억제하려는 내용이 주된 정책의 골자라고 볼 수 있다. 호주의 위험지역 계획지침(Planning Criteria in Coastal Risk Area) 역시 연안도시 취약지역에 대한 계획지침을 설정하고 이에 따라 개발행위를 규제하는 계획 기법이다. 이를 위해 연안도시에 대한 취약성 분석이 시행되며, 이를 토대로 위험의 정도에 따라 계획지침을 통해 개발행위가 통제됨을 주지시킨다. 이는 비록 개발행위 각각에 대한 통제가 불가능하고 기후 변화에 따른 구체적 예측이 어려운 가운데서도 반드시 지켜져야 할 필수 원칙과 기준을 제시함으로써 추가적 개발행위로 인한 연안도시가 취약해지는 것을 막는 것이다(DEWR, 2007).

연안도시는 해수면 상승으로 직접적인 피해를 입는 곳이다. 밀집한 도시공간을 가진 싱가포르에서는 이 같은 해수면 상승에 대비하기 위한 강력한 공간계획 제도를 보유하고 있다. 개간사업(Reclamation Projects)은 싱가포르의 기후 변화 적응에 대한 건축적 대응을 잘 보여준다. 1991년부터 싱가포르 수자원국(Public Utilities Board: PUB)은 새로운 개간사업이 가장 높은 조수로 기록된 125cm 이상으로 이루어질 것을 요구하는 것을 명문화하여 각종 도시개발행위를 기후 변화에 대응할 수 있도록 했다. 아무리 안전한 건축물이라도 기초가 너무 낮은 곳에 입지할 경우 침수의 위험을 피할 수 없음에 착안한 것이다(Singapore Government, 2008). 우리나라의 경우 서해와 같이 매립이 자주 이루어지는 경우 기후 변화에 따른 해수면 상승을 감안하여 매립 높이를 상승시키는 공간계획적 고려가 필요한 시기이다.

5 연안도시 기후 변화 적응 시스템 분석 사례

우리나라 연안지역에서 발생한 자연재해를 살펴보면, 지난 8년간(2000~2007년) 연안지역에서 자연재해에 의해 총 2조 1천 억원 규모의 피해가 발생했고, 이는 전국 자연재해 피해액의 58.4%에 해당한다. 자연재해 피해액의 연안지역 배율은 연안지역의 인구(26.6%) 및 면적(32.1%) 비율보다 훨씬 높아 연안지역이 재해에 취약하다는 것을 알 수 있다.

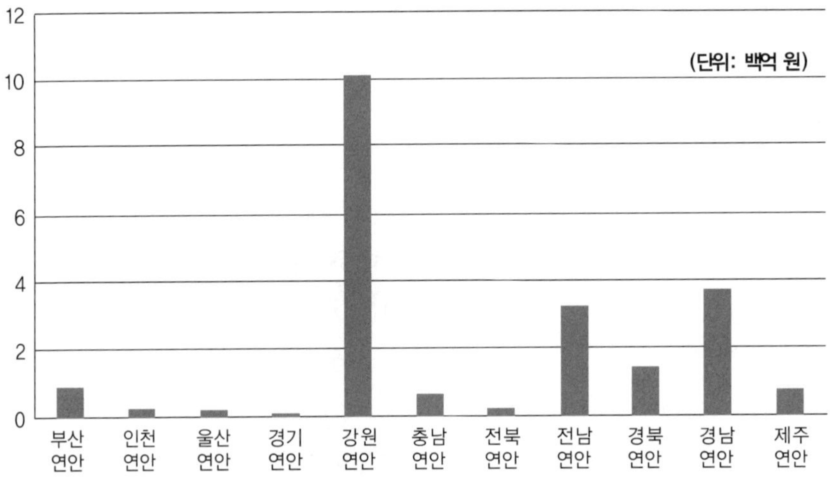

그림 9-1 연안지역 자연재해 피해 규모 현황

자료: 소방방재청·중앙재난안전대책본부, 재해연보, 각 연도(국토해양부, 2009, 연안 실태에 관한 기초조사 재인용).

여기에서는 기후 변화에 적응하기 위한 국내 제도적 시스템을 크게 두 가지로 구분하여 접근했다. 첫째, 관련 법제도를 통해 기후 변화 적응 시스템의 골격을 살펴보고, 둘째, 이를 운영하기 위한 소프트웨어적 접근 방법으로 공간계획 차원에서 토지이용계획 및 도시계획 관련 지침을 살펴보았다.

연안도시 기후 변화 적응 관련 법에 대한 검토 기준으로 기후 변화 특성과 연안도시의 특수성이 감안되었는지를 여부를 살펴보았다. 구체적인 고려 사항 기준을 살펴보면 다음과 같다.

첫째, 법률 내에서 '연안지역'에 특화된 정책을 추진할 수 있는가? 이에 대해 연안지역에 관한 제반 사항을 다루고 있는 「연안관리법」, 「해양환경관리법」과 국토환경에 관한 종합적 틀을 제시하는 「자연환경보전법」을 중심으로 살펴보았다.

둘째, 법률은 해수면 상승이나 연안지역 침식 등과 같은 기후 변화에 따른 자연재해에 대응할 수 있는 구체적인 수단을 확보하고 있는가? 연안지역 특수성에 대한 고려에 더해 구체적인 기후 변화 적응 수단을 검토하기 위해 「시설물의 안전관리에 관한 특별법」, 「자연재해대책법」, 「사방사업법」을 중점적으로 검토·분석했다.

셋째, 정책적 대응 과정에서 각 법률은 일반적인 재해의 특성뿐만 아니라 불확실성 등이 가미된 기후 변화의 요인을 적극적으로 고려할 수 있는가? 기후 변화로 인한 재해는 불확실성이 크기에 제도는 이 같은 특성을 융통성 있게 반영해 줄 필요가 있다. 이를 위해 인위재난 및 자연재해 대응의 기본법에 해당되는 「재난 및 안전관리 기본법」, 「국토의 계획 및 이용에 관한 법률」을 위주로 검토했다.

1) 연안지역에 대한 법적 고찰

재난이나 안전관리에서 좀 더 광범위하게 연안지역을 관리하기 위한 차원에서의 법률도 존재한다. 그 중 하나인 「해양환경관리법」은 해양환경의 훼손 또는 해양오염으로 인한 위해를 예방하고 안전한 해양환경을 조성하는 데 목적을 두고 있다. 여기서 해양환경은 구체적으로 "해양에 서식하는 생물체와 이를 둘러싸고 있는 해양수, 해양지, 해양 대기 등 비생물적 환경 및 해양에서의 인간의 행동 양식" 등을 지칭하는데, 이 같은 규정만으로는 해양과 접하는 연안지역이 해양환경에 포함되는지 여부를 명확하게 확인하기 어렵다.

해양환경의 보전 및 관리를 위해 이 법은 환경관리해역이란 수단을 확보하고 있다.

이는 국민의 건강이나 생물의 생육에 심각한 피해를 줄 정도로 해양환경 기준을 초과하는 오염을 발생시키는 특정 시설의 설치 또는 변경을 제한하거나, 지정 해역 안에 소재하는 사업장에서 배출되는 오염물질의 총량을 규제하기 위해 지정할 수 있다. 이렇게 지정된 지역에 대해 국토교통부 장관은 환경관리기본계획을 수립 및 시행해야 한다. 이처럼 「해양환경관리법」은 해양환경의 보호를 해양 오염물질에 대한 대응 및 처리에 주안점을 두고 있기 때문에, 이와 상대적으로 관련이 적은 해수면 상승에 따른 해안 침식 등의 기후 변화에 따르는 재해 발생에 대한 수단으로 기능하기에 한계가 있다.

이에 반해 「연안관리법」은 연안지역의 특수성을 반영하며 기후 변화에 적응할 수 있는 수단을 명시하고 있다. 연안의 효율적인 보전·이용 및 개발에 필요한 사항을 규정하기 위한 법의 목적은 기후 변화에 따른 해수면 상승으로 연안지역에 야기될 위험에 대응하려는 이 연구의 목적에 가장 부합된다. 그뿐만 아니라 연안관리의 기본 이념으로 "기후 변화에 따른 해일, 침식 등에 대응하여 바닷가를 효율적으로 관리"하려는 내용을 구체적으로 포함하면서, 기후 변화에 대한 대응을 좀 더 적극적으로 다루고 있다.

「연안관리법」이 연안을 관리하는 수단은 연안통합관리계획, 연안용도해역 및 연안정비사업의 세 가지를 들 수 있다. 먼저 '연안통합관리계획'은 해양수산부 장관이 연안을 종합적으로 보전·이용 및 개발하기 위해 10년마다 수립하는 계획으로 연안관리에 관한 기본 정책 방향, 연안의 바람직한 보전·이용 및 개발에 관한 사항 등을 담도록 되어 있다. 시장·군수는 필요에 따라 이 계획의 범위 내에서 별도로 연안관리지역계획을 만들 수 있다. '연안용도해역'은 크게 이용연안해역과 특수연안해역, 보전연안해역 및 관리연안해역으로 구분되는데, 이 지정은 앞서 언급한 연안통합관리계획 및 연안관리지역계획 등을 기초로 이루어진다. 각 용도 해역은 연안해역기능구로도 세분화될 수 있는데, 특수연안해역 중 해일, 파랑, 지반의 침식 또는 적조 등 연안재해가 자주 발생하여 관리가 필요한 구역을 '재해관리구'로 지정할 수 있다. 마지막으로 해일, 파랑, 해수 또는 지반의 침식 등으로부터 연안을 보호하고 훼손된 연안을 정비하거나 연안을 보전 또는 개선하기 위한 '연안정비사업'이 규정되어 있다. 이는 중앙정부에서 10년마다 수립하는 '연안정비 기본계획'에 기초해야 하고, 연안정비사업의 시행자는 '연안정비사업 실시계획'을 수립하여 필요한 경우 토지·물건 또는 권리를 수용하거나 사용할 수 있다.

이러한 장점에도 불구, 해수면 상승에 따른 재해 위험에 대해 「연안관리법」은 몇 가지 한계를 지니고 있다.

첫째, 비록 법의 기본 이념에는 언급되어 있으나 세부 수단을 설정할 때 연안지역의 재해 위험과 밀접하게 연관되어 있는 기후 변화 요인에 대한 고려가 미흡하다.

둘째, 「연안관리법」의 대상이 되는 연안은 연안해역과 연안육역으로 구성되어 있는데, 여기서 연안육역은 연안해역의 경계선으로부터 500m 이내 지역으로 한정된다(물론 항만, 국가어항, 산업단지 등의 경우에는 1,000m 이내이며, 연안통합관리계획에서 별도로 정할 수도 있다). 이 경계 밖에서는 개발행위의 제한과 정비 및 관리 노력이 집중되는 것은 한계가 있다.

셋째, 토지 이용, 단시계획 등 도시계획의 차원에서 장기적이고 근본적으로 대응하려는 수단이 부재하다. 「국토의 계획 및 이용에 관한 법률」에서 연안지역에 대한 고려가 필요한 것도 바로 여기에서 비롯된다.

「자연환경보전법」은 자연환경을 체계적으로 보전·관리하기 위해 만들어진 법률로, 연안지역 내 자연환경을 관리하기 위한 목적과 연관되어 있다. 이 법은 특정 지역을 보전하기 위한 목적으로 '생태경관보전지역'이란 수단을 지니고 있다. 생태경관핵심보전구역, 생태경관완충보전구역, 생태경관전이보전구역 등으로 세분되는데, 이들 지역에 대해 환경부 장관 및 시·도지사는 '생태경관보전지역 관리기본계획'을 수립 및 시행해야 한다. 생태경관보전지역 내에서는 건축물 등의 신축 및 증축, 토지의 형질 변경, 토석의 채취 등의 행위에 대한 제한을 가할 수 있다.

그러나 생태경관보전지역은 자연 상태가 원시성을 유지하고 있는 지역, 생물다양성이 풍부한 지역, 지형 또는 지질이 특이한 지역, 다양한 생태계를 대표할 수 있는 지역, 하천·산간계곡 등 자연경관이 수려한 지역 등 생태적·환경적 보전 가치가 널리 인정될 수 있는 지역에 한해 지정이 가능하다. 따라서 보전 가치는 높지 않으나 해수면 상승으로 위험에 처할 수 있는 연안지역의 자연환경은 이 법의 보호를 받기 어렵다. 실제로 2011년 3월 환경부(2011)에 따르면, 국내 연안지역 중 소황사구, 하시동·안인사구, 신두리사구 등 지형적 특이성을 인정받고 있는 해안사구만으로 생태경관보전지역의 대상이 한정되어 있다. 연안지역 일반에 대응하기 위해서는 재난, 안전관리 및 연안계획과 관련된 법률이 좀 더 적합한 것으로 보인다.

2) 기후 변화 적응 수단에 대한 법적 고찰

자연재해의 예방과 복구 및 그 밖의 대책에 관한 사항을 규정하고 있는 「자연재해대책법」 내에서는 연안지역을 자연재해로부터 보호할 수 있는 강력한 수단이 존재한다. 먼저 시장·군수·구청장(이하 시장·군수)은 지형적인 여건 등으로 인해 재해가 발생할 우려가 있는 지역에 대해 '자연재해위험지구'로 지정 및 고시할 수 있다. 이 지구를 지정하여 시장·군수는 해당 지구 내 시설물의 소유자에게 재해 예방을 위한 점검 및 정비 등의 조치를 취하게 할 수 있으며, 나아가 건축·형질 변경 등의 행위를 제한할 수 있다.

좀 더 구체적으로 시장·군수는 폭풍 해일이나 지진 해일로 인해 피해를 입었던 지역이나 해일 피해가 우려되는 지역에 '해일위험지구'를 지정할 수 있다. 특히 시행령을 통해 해일 피해가 우려되는지에 대한 기준으로 해수면 상승에 의한 하수도 역류 현상 등으로 침수 피해가 발생하는지 여부를 언급하고 있어, 해수면 상승에 따라 연안지역이 경험하는 특수한 상황에 대응하는 데 적합한 기준을 제공하고 있다. 해일위험지구로 지정된 지역에 대해 시장·군수는 해일위험지구 지정 현황, 예방 및 투자

표 9-1 해일위험지구 지정 현황

시·도	시·군·구	지구명	지정 면적(㎢)	지구 지정 연월
부산	강서구	녹산산단	0.95	2006. 3
		성산2지구	0.35	2006. 3
인천	옹진군	예동항지구	0.05	2008. 4
강원	동해시	가세지구	0.07	2006. 2
전남	신안군	재원지구	0.01	2009. 2
		거문지구	1.00	2009. 2
	영광군	법성지구	0.11	2007. 2
경남	하동군	노량지구	7.00	2006. 2
		갈사지구	5.00	2006. 2
	남해군	미조외2지구	4.40	2006. 4.
	마산시	구항지구	0.06	2007. 2.
합계			19.00	

자료: 자연재해위험지구 지정 현황(2010년 기준).

계획, 비상대처 계획 등을 담은 해일 피해 경감계획을 수립하여 시·도지사에게 제출해야 하며, 지역 내 시설물에 대해 지역재난안전대책본부의 본부장은 재해 예방을 위한 점검 및 정비를 하게 할 수 있다. 이와 같은 자연재해위험지구는 2010년 현재 총 1,210개소 16,408km^{2}가 지정되어 있으며, 이 중 해일위험지구는 10개소 19km^{2}로 전체 자연재해위험지구 면적의 0.1%를 차지한다.

이처럼 「자연재해대책법」은 해일위험지구 등을 통해 연안지역에 특화된 정책대안을 모색하는 데 유용한 수단을 제공하고 있다. 그러나 정책 수립의 초점은 해수면 상승에 따라 나타날 수 있는 다양한 문제 양상에 있기보다 해일이라는 재해의 한 국면에만 맞추어져 있다. 즉, 기후 변화에 따른 해수면 상승으로 인해 우리나라 전역에 걸쳐 광범위하게 그러나 점진적으로 나타날 수 있는 해안 침식을 예방하기 위한 조치를 이 법 내에서 모색하기란 쉽지 않은 상황이다.

시설물의 안전 점검 및 적정한 유지관리를 위해 마련된 「시설물의 안전관리에 관한 특별법」에서 해수면 상승에 따른 연안지역의 문제에 대응될 법적 수단을 찾을 수 있다. 여기서 시설물이란 건설공사를 통해 만들어진 구조물과 그 부대시설을 의미하는데, 이 중 터널, 갑문시설, 계류시설 등의 항만시설과 하구둑, 수문, 통문, 제방 등의 하천시설이 연안지역과 관련되어 있다. 국토교통부 장관은 이들 시설물에 대해 5년마다 시설물의 안전과 유지관리에 관한 기본계획을 수립·시행해야 하며, 해당 시설물의 관리 주체는 안전점검, 정밀안전진단 등을 실시해야 한다. 관리 주체 및 행정기관장은 시설물에 중대한 문제가 있을 경우 시설물의 사용 제한, 사용 금지, 철거 등의 조치를 취할 수 있으며, 관리 주체는 시설물의 중대한 결함 사항에 대해 보수·보강 등의 필요한 조치를 취해야 한다. 따라서 「시설물의 안전관리에 관한 특별법」은 기후 변화에 따른 해안지역 내 시설물의 재해 위험을 최소화할 수 있는 제도적 기준을 제공하고 있다. 그러나 명시적으로 기후 변화에 대한 고려는 이루어지지 않고 있으며, 연안지역에 특화된 정책지침도 제공되어 있지 않는 상황이어서 이에 대한 보완이 필요하다. 하지만, 연안지역의 염풍 및 해안 침식으로 인해 위해받기 쉬운 공동주택 등 연안지역 내 건축물을 1종 및 2종 시설물로 지정하는 방안은 검토할 만하다.

「사방사업법」은 원래 황폐지(荒廢地)를 복구하거나 산지의 붕괴, 토석·나무 등의 유출 또는 모래의 날림 등을 방지하거나 예방하기 위해 공작물을 설치하거나 식물을 파종·식재하는 등의 사업에 관한 법률이다. 이 법에서 규정하고 있는 '사방사업'에는 '해안사방사업'이 포함되어 있는데, 이 수단은 '해안방재림조성사업'과 '해안침식방지사업' 등의 구체적인 사업을 통해 기후 변화에 대응하여 연안지역을 보호할 수 있는 데 유용하게 활용될 수 있다.

그러나 이러한 활용은 현실적으로 한계를 가질 수밖에 없는데, 그 까닭은 이 법의 운영 및 집행이 산림청과 밀접하게 관련되어 있기 때문이다(남정호 외, 2009: 52). 구체적으로 사방사업을 계획적으로 추진하기 위해 5년마다 '사방사업 기본계획'을 수립하고 시행해야 하는 기관, 사방사업을 시행하기 위해 '사방지(砂防地)'를 지정하는 기관, 그리고 국가 이외의 자가 사방사업을 시행하고자 할 때 사방사업계획을 제출해야 하는 기관이 모두 산림청장으로 규정되어 있다.

이처럼 산림청이 실질적으로 관장하고 있는 「사방사업법」을 통해 산림이 존재하지 않는 연안지역에 적극적으로 시행되기는 현실적으로 쉽지 않다. 실제 산림청의 2011년도 예산안에 따르면 사방과 관련된 전체 예산 1,790억 원 중에서 해안방재림 조성 및 해안 침식 방지와 관련된 사업 예산은 약 16억 원으로 0.9%에 불과하다. 특히 방재림을 만드는 것 이외에 해안 침식을 막기 위한 사업의 구간의 연장은 총 4km인데, 이는 계류의 유속을 줄이고 침식을 방지하기 위해 시행하는 '계류보전사업'의 연장 100km에 비하면 매우 미미한 수준이다. 연안지역의 기후 변화 적응전략으로 「사방사업법」이 효과적으로 활용되기 위해서는 결국 담당기관의 조정 및 업무 분담이 선행되어야 할 것으로 판단된다.

3) 기후 변화 적응 불확실성에 대한 법적 고찰

기후 변화에 불확실성이 존재하지 않는다면 이에 대비하는 정책 결정의 어려움은 존재하지 않을 것이다. 하지만, 현실에서는 기후 변화가 실제 공간에 미치는 영향을 제대로 이해하고 이에 대비하기가 쉽지 않다(UKCIP, 2003; 최충익, 2011에서 재인용). 기후 변화에 의해 발생할 미래의 위험 상황에 대한 우리의 지식은 불확실성을 가지게 되는데, 이 불확실성은 인간의 사회경제적 활동 정도와도 깊이 관련이 있다. 이 불확실성에 대한 효과적 대응은 향후 기후 변화로 인해 발생할 수 있는 위험 상황을 저감할 수 있다. 법적 대응 체계를 통해 모든 불확실성의 요소를 대처할 수는 없지만 변화무쌍한 기후 변화에 적응할 수 있을 정도의 제도적 융통성을 보유할 필요가 있다.

특히 「국토의 계획 및 이용에 관한 법률」(이하 「국토계획법」)은 국토의 개발과 이용에 관한 포괄적 규정을 담고 있어 불확실성에 근본적으로 대응하기에 적합한 법률이다. 전 국토를 대상으로 용도지역·지구제도를 통해 개발행위에 대한 폭넓은 규제 조치를 가할 수 있는 수단은 바로 「국토계획법」이기 때문이다. 그러나 다수의 용도지역 중에서 해수면의 상승, 해안 침식 등과 직접적으로 연계되어 있는 용도지역은 존재하지 않는다. 다만 용도지역과 함께 지정할 수 있는 용도지구 중 풍수해, 산사태, 지반의 붕괴 및 그 밖의 재해를 예방하기 위해 지정하는 '방재지구'는 유용성을 지닐 수 있다. 필요한 경우 국토교통부 장관이나 시장·군수는 방재지구를 지정하여 재해 예방에 장애가 될 것으로 보이는 건축물의 건축을 막을 수 있다. 하지만, 해수면 상승에 따른 연안지역의 재해 위험에 있어 방재지구는 아직까지 효과적인 수단으로 활용되지 않고 있는 것으로 보인다. 국토해양부(2010)의 『국토해양통계연보』에 따르면, 전국에 지정되어 있는 방재지구는 총 13개소 1.265km^{2}이나 이 중 해수 등으로 인한 재해 위험과 관련된 방재지구는 존재하지 않는 것으로 나타났다.

「재난 및 안전관리 기본법」은 정부의 재난 및 안전관리 체제를 확립하고, 재난의 예방, 대비, 대응, 복구 등을 규정하기 위해 마련되었다. 해수면 상승에 따른 연안지역의 재해 또한 재난의 일종이므로 종합적 재난관리의 대상으로 이 법의 포괄적 적용이 가능하다. 이 법에서 규정되어 있는 종합적 관리의 수단은 '안전관리계획', '국가기반시설', '특정관리대상시설' 등이 있다. 안전관리계획은 재난에 관한 대책뿐만 아니라 생활안전, 교통안전, 산업안전, 시설안전, 범죄안전, 식품안전 등에 관해 중앙정부, 광역정부 및 기초자치단체가 각각 수립 및 시행해야 하는 계획이다. 이 중에서도 국가 기반 체계를 보호하기 위해 계속적으로 관리할 필요가 있는 시설 및 재난이 발생할 위험이 높거나 재난 예방을 위해 계속적으로 관리할 필요가 있는 시설은 '국가기반시설' 및 '특정관리 대상시설'로 설정하여 더 강도 높은 안전관리를 적용한다. 그러나 이와 같은 주요 수단 내에서 기후 변화, 해수면 상승 및 연안지역의 해안 침식과 직접적으로 연관된 사항은 없었다. 독일의 시방서와 같이 연안도시의 주요 시설물에 대해 기후 변화의 불확실성을 반영한 안전 기준을 적용할 필요가 있다. 연안도시는 다른 도시에 비해 해수면 상승이나 해일로 인한 피해에 취약하다. 취약한 지역에서 기후 변화 불확실성의 고려는 선택이 아닌 필수 사항이다. 연안지역에 해당하는 지방자치단체의 경우 시·군·구 안전관리계획을 통해 연안도시의 기후 변화 불확실성에 대한 대비책을 세우고 매뉴얼을 작성하는 등의 체계적인 대비책이 필요하다.

4) 소결

지금까지 검토한 내용은 <표 9-2>와 같이 정리될 수 있다. 검토된 법률 대부분에서 기후 변화에 따른 연안지역의 재해 위험을 저감할 수 있는 법적 수단을 가지고 있는 것으로 나타났다. 그러나 연안지역의 지리적 특성을 반영하고 있는 법률은 「사방사업법」과 「연안관리법」 정도에 불과했으며, 가장 강력한 공간계획 수단을 지니고 있는 「국토계획법」에서는 연안지역에 대한 고려가 전혀 없었다. 「연안관리법」은 연안지역의 제반 특성을 반영하나 연안도시의 기후 변화 적응 수단을 실행할 만한 수단이 부족하고, 「국토계획법」은 강력한 수단을 가지고 있으나 연안도시의 기후 변화 적응을 실행할 법적 근거가 부족하다.

표 9-2 관련 법령의 검토 결과

법률	연안지역 특수성	기후 변화 적응 수단	기후 변화 불확실성
자연환경보전법	×	△	×
재난 및 안전관리 기본법	×	○	△
시설물의 안전관리에 관한 특별법	△	○	×
자연재해대책법	△	○	×
사방사업법	○	○	×
해양환경관리법	△	△	×
연안관리법	○	○	△
국토계획법	×	○	×

한편, 대부분의 법률에서 기후 변화의 불확실성에 대해 소홀히 다루고 있었으며, 이는 기후 변화로 인해 자연재해 발생 시 신속하고 다양하게 적응할 수 있는 범위를 제한하게 된다. 따라서 장차 닥칠 수 있는 기후 변화 재해에 융통성 있게 적응할 수 있도록 제반 규정이 개선될 필요가 있겠다.

6 기후 변화 대응을 위한 공간전략

공간계획 수립지침은 위험지역을 인지하여 사전에 위험한 개발행위가 일어나지 못하도록 예방하는 구체적인 기능을 수행한다. 개별 개발행위에 대한 규제를 통해 기후 변화로 인한 위험 발생 가능성을 사전에 통제하는 사전 예방적 기능을 수행하기 때문이다. 특히 연안도시의 경우 바다에 인접하여 기후 변화로 인한 해수면 상승 및 지진 해일 등으로 인한 취약성이 높기 때문에 공간계획 지침을 통한 사전 예방적 기후 변화 적응정책을 도입하여 대책을 강구하는 것이 더욱 합리적이다. 이 분석에서는 '도시기본계획 수립지침'을 비롯한 국토교통부의 6개의 공간계획 지침을 앞서 살펴본 세 가지 측면에서 나누어 살펴보았다.

1) 연안지역에 대한 고려

'도시기본계획 수립지침' 내에서 기후 변화의 불확실성 및 연안지역 특성과 관련된 언급은 별도로 존재하지 않는다. 다만 수해 등에 적응하기 위한 방재계획의 일환으로 초기 강우 시 수계(水系)에 미치는 영향을 최소화하기 위한 개발 방향과 기준을 제시해야 한다는 점(3-2-3), 수해가 일어날 가능성이 높은 지역은 원천적으로 보전용지로 지정해야 한다는 점(5-4-3), 만약 이러한 지역을 시가화 예정 용지로 지정할 때에는 유수지나 녹지를 충분히 확보하여 도시의 담수 능력을 배양해야 한다는 점(5-10-3) 등이 언급되어 있다. '광역도시계획 수립지침' 내에서도 기후 변화와 관련된 내용은 방재계획으로 한정된다. 방재계획에서 상습 수해지역에 대한 보전용도 부여, 개발용도로 지정된 경우에는 대체 지정, 그리고 저지대를 유수지로 활용하는 방안 등이다. 기타 기후 변화 및 연안과 관련된 언급은 별도로 이루어지지 않고 있다.

2) 기후 변화 적응 수단에 대한 고려

도시관리계획은 도시기본계획을 실현하는 수단적 성격을 갖고 있기 때문에 적응 기준들은 좀 더 구체성을 갖는다. 이 같은 관점에서 '도시관리계획 수립지침'은 연안도시의 기후 변화 적응이라는 목적을 좀 더 효과적으로 달성할 수 있는 수단이 될 수 있다. 예를 들어 방재 목적으로 보전녹지지역, 보전관리지역 등의 용도지역 지정이 가능하며, 방재시설물의 설치 및 설치 기준, 각 방재시설별 보수 및 관리 체계, 방재거점의 설정 등에 관한 방재계획을 수립하도록 하고 있다. 특히 수해에 대비하여 내수 범람 및 침수 방지를 위한 배수 및 방수시설의 설치, 취약지대 인구 분산, 저지대 자연 배수, 유수지 확보, 수해 상습지역 운동장·공원 등 계획, 하천·강변도로 계획 시 장기 강우 빈도 고려, 하천 복개 시 충분한 유수 단면 확보 등 세부적인 지침도 이미 제시되어 있는 상태이다. 이러한 수단들은 향후 해수면 상승에 대비한 연안지역의 계획지침으로 충분히 활용될 수 있다. 기후 변화 적응과 관련된 내용은 주로 환경성 검토와 관련하여 등장한다. '도시관리계획 수립지침'상 환경성 검토의 내용에는 '기상·기후의 변화가 자연환경에 미치는 영향'이나 '도시관리계획이 기후 및 에너지 소비에 미치는 영향의 최소화를 목표'로 한다는 내용을 포함하고 있다. 하지만 영향의 최소화에 대해 어떠한 방식으로 어떻게 달성해야 하는지에 대한 구체적인 지침이 없으므로, 추후 이에 대한 보완이 필요하다.

'제2종 지구단위계획 수립지침'에서는 크게 산업형 지구단위계획과 관광휴양형 지구단위계획 수립에 관한 항목에서 자연재해와 관련된 내용이 등장한다. 먼저 산업형 지구단위계획에서 홍수 주기가 10년 이내인 지역은 시설물을 설치하지 않게끔 되어 있다(5-5-4). 관광휴양형 지구단위계획 수립에서는 방재계획의 수립이 구체적으로 언급되어 있다(7-5-4). 이처럼 '제2종 지구단위계획 수립지침' 내의 적응 기준들은 앞서 검토한 도시계획 관련 지침들에 비해 구체성이 더 떨어짐을 확인할 수 있다. 한편 '제1종 지구단위계획 수립지침'에서는 기후 변화, 적응 기준, 연안 등과 관련된 어떠한 내용도 찾아보기 어려운 것으로 확인된다.

3) 기후 변화 적응의 불확실성에 대한 고려

2009년에 마련된 '저탄소 녹색도시 조성을 위한 도시계획 수립지침'은 기존 지침들이 다루지 않았던 기후 변화의 영향 및 이에 대한 대응을 적극적으로 다루고 있다. 지침의 목적(1-1-1)도 "기후 변화에 따른 자원·환경 위기를 극복하고, 저탄소 녹색성장 도시공간을 조성"하기 위함임을 분명히 언급하고 있으며, 구체적으로 광역도시계획, 도시기본계획 및 도시관리계획 수립 시 '기후 변화 대응계획'을 마련하게 하여 온실가스 배출 감축 등 기후 변화에 대비하고 저탄소 녹색도시 조성을 위한 종합적인 공간계획 수립을 유도하게끔 하고 있다. 그러나 이 지침에서 기후 변화에 대한 대응은 대부분 '적응'이 아닌 '완화'에 초점을 맞추고 있다. 우선 지침 초반에 제시된 도시계획 수립의 다섯 가지 원칙 대부분이 도시가 발생시키는 온실가스를 저감하기 위한 도시계획 수립에 목적을 두고 있으며, 기후 변화의 '적응'에 중점을 둔 원칙은 부재하다.

그뿐만 아니라 이 지침을 토대로 광역도시계획, 도시기본계획 및 도시관리계획에 포함시켜야 하는 기후 변화 대응계획 역시 적응보다는 완화에만 초점을 맞추고 있어 적응에 대한 내용을 전혀 다루지 못하고 있다. 예를 들어, 도시기본계획 내 기후 변화 대응계획의 내용을 완화 항목과 적응 항목으로 구분한 내용에서 대부분 항목은 완화와 연관되어 있으며, 적응과 연관된 항목들은 기반시설을 계획할 때 기상 이상에 대비해야 한다는 내용이 전부이다. 방재 및 안전계획과 관련하여 기후 변화의 영향평가 및 취약성 분석을 통한 적응계획이 제시되어야 한다고 되어 있으나, 그 적응계획의 가이드라인은 이 지침에 포함되지 않고 있다. 즉, 현재의 기후 변화 대응계획은 곧 기후 변화 영향의 완화 계획으로 봐도 무방한 상황이다. 과거 연안도시의 자연재해 피해액이 크고 향후 기후 변화 재해 발생 가능성이 높은 것을 감안할 때 연안지역에 대한 제도적 대응은 미약하다고 판단된다.

4) 소결

이상의 내용을 정리하면 <표 9-3>과 같다. 실제 토지 이용이나 도시계획 등 물리적 측면의 계획지침에서 기후 변화에 따른 적응계획은 거의 언급되지 않고 있다. 비록 '도시관리계획 수립지침'에서 기후 변화에 대해 언급하고 있지만 이는 환경성 검

표 9-3 관련 지침의 검토 결과

지침	기후 변화 적응 불확실성	기후 변화 적응 수단	연안지역 특수성
도시기본계획 수립지침	×	○	×
도시관리계획 수립지친	△	○	×
광역도시계획 수립지침	×	○	×
제1종 지구단위계획 수립지침	×	×	×
제2종 지구단위계획 수립지침	×	△	×
저탄소 녹색도시 조성을 위한 도시계획 수립지침	○	△	×

토의 원칙 차원에서 추상적으로 논의되고 있을 뿐이며, '저탄소 녹색도시 조성을 위한 도시계획 수립지침' 또한 기후 변화에 따른 영향을 완화시키는 데만 초점을 두고 있어 기후 변화 적응에 대한 전략은 제공하지 않고 있지 못했다. 연안지역의 기후 변화 적응전략을 제도화하기 위한 공간계획 수립지침이 필요한 시점이다.

주목할 만한 것은 이상 살펴본 6개의 공간계획 수립지침 모두 연안지역의 특수성을 감안하지 않고 있다는 것이다. 이는 각종 개발계획의 통제 기준이 되는 수립지침에서 연안지역에 대한 고려가 제대로 이루어지지 않고 있음을 의미한다. 아울러 향후 연안지역에 대한 무분별한 개발행위로 인해 더욱 재해에 취약해질 우려가 있다. 예를 들어, 해안 침식과 해일, 강풍 등에 대한 적절한 고려 없이 내륙도시와 동일하게 적용되는 지침에 따라 위험한 개발행위가 허가될 가능성이 상존한다.

한편, '도시기본계획 수립지침'과 '도시관리계획 수립지침'에 구체적으로 언급되어 있는 방재계획의 내용은 실질적인 도움을 줄 수 있을 것으로 판단된다. 도시계획에서 방재계획은 집중 호우에 따른 수해 등에 초점을 두고 있으므로, 이를 기후 변화 및 그로 인한 해수면 상승에 따른 연안지역의 피해 가능성으로 변용함으로써 기후 변화 적응을 위한 연안지역의 물리적 계획 기법을 제안할 수 있을 것으로 판단된다.

기후 변화는 기본적으로 불확실성이 높은 현상이다. 불확실성이 높은 현상에 대한 적응과 대책 수립에는 항상 위험이 따르게 된다. 연안도시의 경우 여타 지역보다 기후 변화로 인한 불확실성과 위험이 높은 곳이기에 이에 융통성 있게 대응할 수 있는 제도적 장치를 적용할 필요가 있다. 기든스의 역설(Giddens's paradox)에 빠져 참담한 위험이 현실화될 때까지 무관심하게 바라만 보는 것도 문제지만 기후 변화에 대한 적응 대책이 일시적인 유행이 되는 것도 유의할 필요가 있다. 향후 도시 특성에 기반한 기후 변화 적응 연구와 투자가 꾸준히 이루어지기를 기대해 본다.

제10장 무엇이 우선인가: 완화와 적응의 다이내믹스

1 완화인가 적응인가?

기후 변화 적응정책은 기후 변화 영향평가와 취약성, 적응 대안과 정책적 대응, 제도적 이슈 등으로 구분될 수 있다. OECD(2006)는 국가별 적응정책 현황에 대해 발표한 바 있다. 우리나라의 경우 영향평가와 취약성에 관한 이슈가 90% 이상을 차지하고 있으며, 적응 대안 및 정책 대응은 매우 미흡한 수준에 있음을 알 수 있다. 영국은 국가계획성명(Planning Policy Statement: PPS)에서 기후 변화 이슈 대응에서 계획의 역할을 강조하고 기후 변화를 고려한 계획을 제도화하여 지방자치단체의 기후 변화 적응정책 수립에 대한 가이드를 수립했다(고재경 외, 2008).

[그림 10-1]은 기후 변화 적응정책의 핵심 이슈인 적응과 영향에 관한 비중 정도를 나타내고 있다. 그룹 A는 영향과 적응에 관한 논의가 제한적인 집단이며, 그룹 B는 영향평가에 주로 집중하고 있고, 그룹 C는 영향과 적응에서 균형을 이루고 있는 것으로 나타난다. 한국은 B그룹에 속하며, 기후 변화에 대한 적응보다는 영향평가에 주로 초점을 두고 있음을 확인할 수 있다(OECD, 2006).

UNDP(2004b) 역시 대부분의 적응정책에 관한 연구는 주로 기후 변화의 영향에 초점을 맞추고 이루어졌음을 지적하고 있다. 그러면서 지속 가능한 발전계획의 개념과 기후 변화 적응정책을 조화시키는 대안으로 적응정책틀(adaptation policy frame-

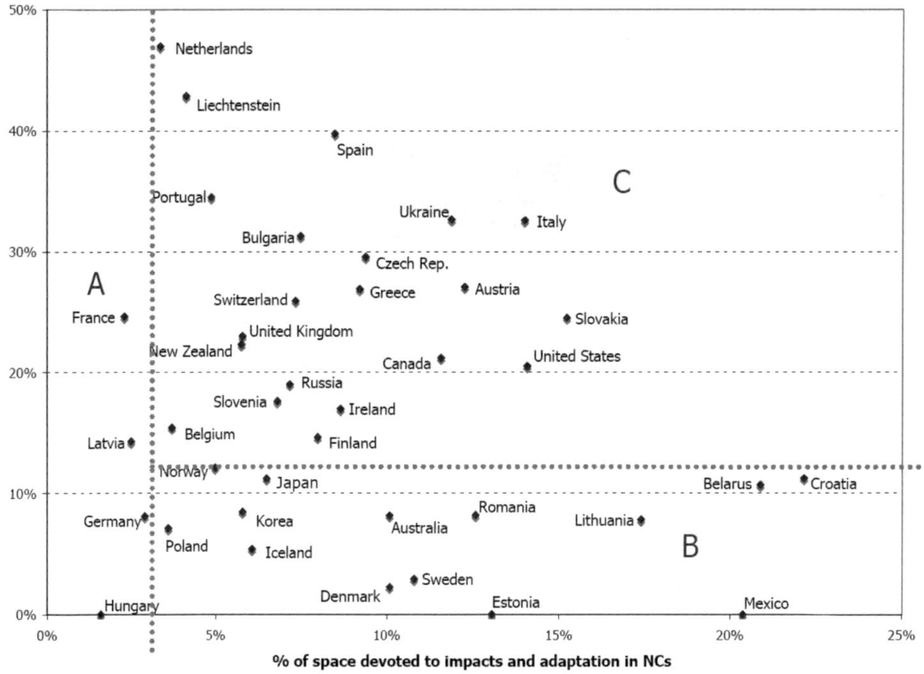

그림 10-1 기후 변화 적응정책의 비중(적응과 영향)

출처: OECD(2006) 보고서 참조

work: APF)을 제시하고 있다. 이 개념의 핵심은 현재 기후 변화 취약성뿐만 아니라 장래 발생할지도 중장기적 시각에서 불확실성을 다룬다는 것이며 가장 효과적인 방법으로 취약성을 저감하는 적응정책 개발에 초점을 두고 있다(UNDP, 2004a).

UNDP(2004a)의 APF는 네 가지 원칙을 제시하고 있다. 첫째, 단기적인 기후 변화 불확실성과 자연재해에 대한 적응이 장기적인 기후 변화 적응정책에 대한 취약성을 줄이기 위한 기초가 되어야 한다는 것이다. 둘째, 기후 변화에 대응하는 개별적 수단에 초점을 두기보다 핵심 정책 및 계획 수립 과정 속에 근본적으로 통합되어야 한다. 셋째, 기후 변화 적응정책의 양상은 처한 상황에 따라 다르게 나타난다. 이는 결국 국가의 적응정책 방향이 지방의 정책을 충실히 반영하는 상향식(bottom-up) 계획이 되어야 함을 의미한다. 넷째, 전략(strategy)과 과정(process)은 모두 중요하며 어느

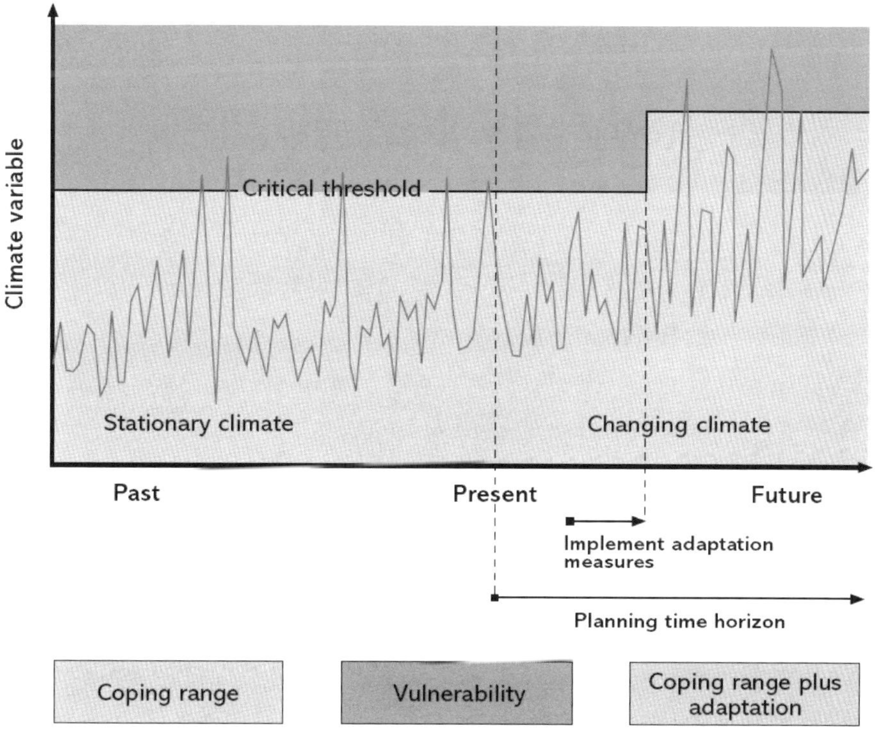

그림 10-2 기후 변화 적응정책의 필요성

자료: UKCIP(2007).

한 곳에 치우쳐서 집행되어서는 안 된다. 전략의 내용뿐만 아니라 수립되는 과정 모두 관련 이해당사자들의 참여가 동반되어야 함을 강조하고 있다(UNDP, 2004a).

[그림 10-2]는 기후 변화 적응정책이 왜 필요한지에 대한 근거를 보여주고 있다. 기후 변화의 변동폭이 늘어나게 되면 결국 임계점(critical threshold)을 넘는 재난 현상이 발생하게 되며, 이에 대한 적절한 적응 기제(coping system)를 갖추어 대비할 필요가 있다는 것이다(UKCIP, 2007). 우리나라도 기후 변화 대응에 관한 연구가 늘고 있다. 하지만 여전히 국내 기후 변화 대응 연구는 대부분 완화정책에 초점을 맞추고 있다. 기후 변화 완화와 적응의 정책적 균형을 이루어야 할 시기가 온 것이다. IPCC(2007) 역시 온실가스 배출 추세를 급격히 바꾸기 어렵기 때문에 이에 따른 적응정책이 동반되어야 함을 강조하고 있다. 완화와 적응은 별개의 정책이 아니라 기후

변화 위협에 대처하기 위한 연합군이 되어야 함을 의미한다.

2 기후 변화 적응과 공간정책

IPCC, OECD, UNDP와 같은 국제기구의 연구 결과는 모두 적응정책에서 도시 및 지역적 단위의 대응이 필요하다고 주장한다. 결국 피해가 발생하는 단위가 공간이기에 공간계획에 반영되지 않는 기후 변화 적응정책은 실효성을 거두기 어렵다. 바람직한 적응정책 수립을 위해 지방자치단체 단위의 기후 변화 적응정책에 대한 체계적인 연구의 필요성이 어느 때보다 높다(최충익, 2011).

기후 변화로 인한 피해는 주로 공간 단위로 발생하기에 이에 대한 대응 역시 공간계획으로 다룰 필요가 있으며 지방정부의 적절한 대응 체계가 이루어질 필요가 있다. 이에 대해 블레이클리(Blakely, 2007)는 도시정부가 기후 변화에 대응에서 세 가지 역할을 수행해야 한다고 주장한다. 첫째는 기후 변화의 위험성을 저감하는 것이고, 둘째는 지역적 특성에 기초하여 기후 변화 위험에 관한 프로파일을 작성하는 것이며, 셋째는 기후 변화에 대한 중장기적인 적응전략을 수립하는 것과 관련된다.

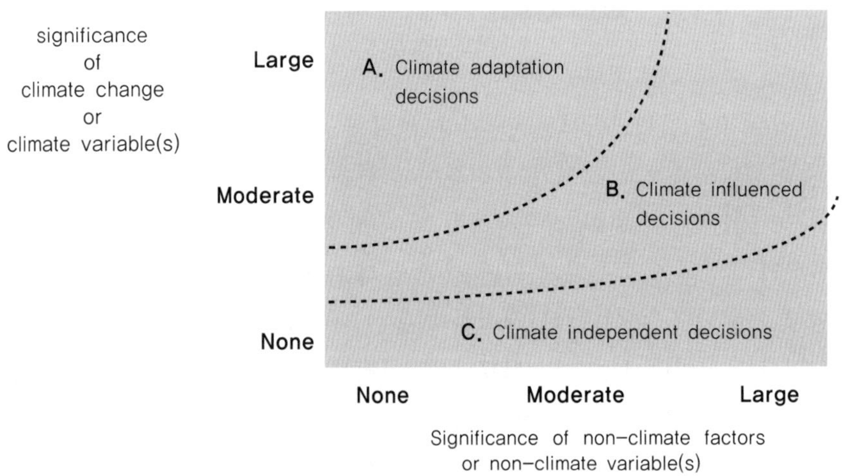

그림 10-3 기후 변화에 따른 지방정부의 대응 수준

자료: UKCIP(2007).

[그림 10-3]은 기후 변화의 심각성에 따른 지방정부의 대응정책 전략에 대한 시사점을 준다. 기후 변화에 따른 심각성이 클수록 기후 변화 적응정책에 대한 비중이 높아지는 A영역(Climate adaptation decision)의 전략을 취하게 되고, 중간 정도로 인식할 경우 B영역, 기후 변화에 대한 영향 정도가 낮다고 판단하게 될 경우 지방자치단체는 C영역의 정책을 선택하게 됨을 보여주고 있다(UKCIP, 2007).

우리나라의 경우 기후 변화에 대한 영향 정도가 심각해지고 있음에도 여전히 B 내지 C영역의 정책을 취하고 있어 향후 A영역으로의 정책 전환이 불가피한 시점에 와 있다. 기후 변화로 직접적인 영향을 받는 지방자치단체의 적응 대책에 대한 체계적인 연구가 필요하다.

적응정책은 기후 변화의 피할 수 없는 영향에 대처하는 데 중요하며, 많은 국가에서 과소 평가되어 왔다. 완화 조치가 효과가 발생하기 이전에 향후 수십 년간 발생할 영향에 대해 할 수 있는 유일한 반응은 적응이라고 볼 수 있다. 완화와 달리, 적응은 대부분의 경우 긴 소요 시간이 없다면 실감할 수 있는 지역적인 편익을 제공한다.

3 완화와 적응의 다이내믹스

완화와 적응은 기후 변화에 대응하는 인류의 노력이라는 점과 일련의 시·공간적 시스템을 필요로 한다는 점에서 공통점이 있다. 완화는 기후 변화를 일으키는 원인인 온실가스 배출을 줄이려는 행동이며, 적응은 기후 변화 위협의 위험성을 낮추려는 노력으로 파악될 수 있다. 이 둘 사이의 관계는 때로는 보완적이며 때로는 상충적이기도 하기에 역동적인 양상을 지닌다. 기후 변화 대응을 완화에 전부 투자할 수 있고 적응에만 투자할 수도 있다([그림 10-4] 참조). 문제는 어느 한 곳으로 집중 투자되었을 때 투자되지 않은 부분이 지극히 취약해질 수 있다는 것이며, 이는 곧 부적절한 기후 변화 대응으로 연결될 수 있다는 것이다. 기후 변화는 불확실성이 높기 때문에 정책의 방향이 잘못 적용될 경우 과소 대응(mal-adaptation)과 과잉 대응(over-adaptation)으로 이어질 수 있는 위험이 높기 때문이다.

또한 기후 변화 위험은 시·공간적 메커니즘을 동시에 지닌다. 공간적 맥락에서 살펴보면, 기후 변화로 인한 위해성(hazard)이 매우 높더라도 공간에서 취약한 상황

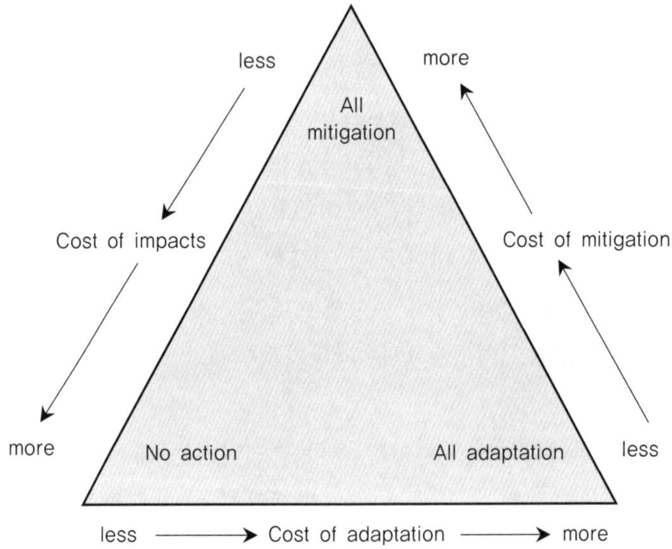

그림 10-4 완화와 적응의 관계

자료: Klein et al.(2007)

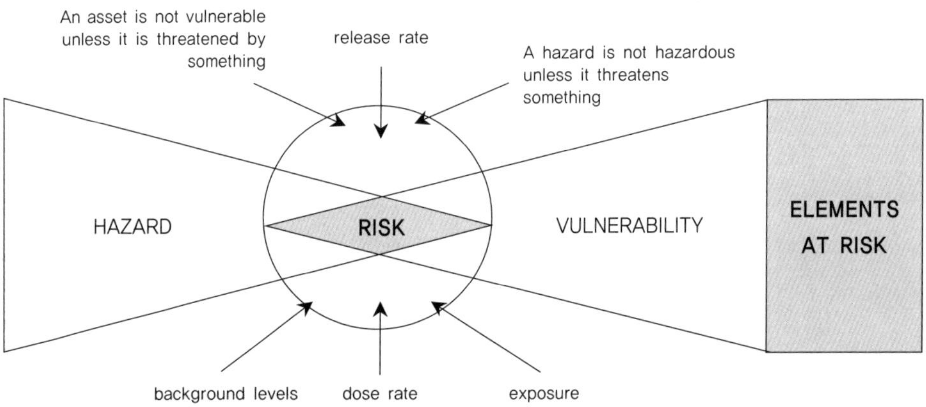

그림 10-5 위해성과 취약성의 관계

자료: Alexander(2002).

(vulnerability)이 발생하지 않는다면 위험하다고 볼 수 없다. 위해성과 취약성이 동시에 작용을 해야 비로소 위험(risk)하게 된다([그림 10-5] 참조). 시간적 맥락에서

의 기후 변화 위험은 불확실성으로 설명된다. 이는 기든스의 역설(Giddens's paradox)을 의미하며 임박한 기후 변화 위험은 당장 조치해야 할 위협으로 다가오지만 먼 훗날의 위험은 어떤 조치도 필요하지 않는 평온한 상황으로 인식되기 쉽다. 결국 시간적 맥락에서 위험이 임박하지 않았다는 판단이 장래의 위험을 더 가중시키는 현상이 초래된다. 완화와 적응은 이처럼 모두 시·공간적으로 민감한 메커니즘을 지니기에 국가와 정부의 정책적 판단에 따라 그 효과가 다르게 나타날 수 있다.

완화와 적응의 시·공간적 메커니즘은 규모의 차이에서도 발생한다. 완화정책과 적응정책은 국가와 도시 및 지역 단위에서 수립과 집행이 모두 가능하다. 문제는 온실가스 저감으로 인한 완화의 편익은 전 지구적으로 발생하지만 금방 나타나지 않는다는 점이다. 한편 적응의 경우 기후 변화의 영향을 받는 시스템 안에서 이루어지기에 국가, 도시, 지역 단위로 국한될 수 있다. 아울러 적응정책의 경우 기후 변화 위협에 대한 위험성을 감소시켜 즉시 효과가 나는 경우도 있으며, 시간에 따라 그 편익이 증가하는 특징이 있다(Klein et al., 2007; 고재경, 2011). 이는 비용과 편익의 시차가 완화에 비해 상대적으로 짧고 편익의 방향이 비용을 부담한 곳에 발생하기 때문이다(McEvoy et al., 2006).

완화와 적응의 다이내믹 현상은 세대 간 형평성의 측면에서도 발생한다. 완화정책의 효과는 장기적으로 나타나는 경향이 있다. 지금 당장 온실가스를 줄인다고 해도 기후 변화의 영향은 줄어들 가능성이 별로 없다. 더욱이 완화가 이루어지는 공간적 범위가 좁혀질 경우 그 효과는 더욱 줄어든다. 이처럼 완화정책의 장기적 효과는 어떤 측면에서 미래 세대의 환경 가치를 증대시키는 역할을 하게 된다. 반면 적응정책의 효과는 중단기적이다. 물론 적응정책의 효과는 장기적으로 나타나는 경우도 존재하지만 상대적으로 완화에 비해 기간이 짧다고 볼 수 있다. 아울러 현재 세대의 피해를 줄이는 데 주된 목표를 두기 때문에 세대 간 형평성 측면에서 완화보다 미흡하다. 세대간 형평성 측면에서 할인율이 낮으면 적응보다는 완화가 유리하고, 할인율이 높을 경우 현재의 적응 행동에 우선 순위를 두는 경향이 있다(Dang et al., 2003).

완화와 적응정책은 상호작용을 한다. 완화가 적응에 영향을 미칠 수 있으며 적응이 완화에 영향을 미칠 수 있다. 완화와 적응의 통합적 접근에 관한 논의는 상호 보완적인 전략으로서 완화와 적응의 최적 조합을 찾고 제한된 투자 재원을 둘 사이에 어떻게 배분할 것인지에 대한 문제와도 연결된다. 적응과 완화는 보완 관계로

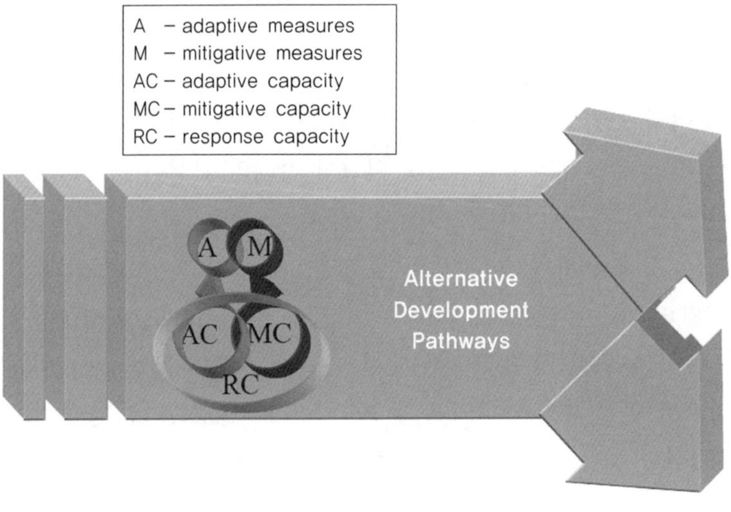

그림 10-6 대안적 개발 방안

자료: IPCC(2007)

작용함과 동시에 상충 관계로 서로 기능할 수도 있다. 과거 이론적인 맥락에서 상충 관계로 보는 경우가 많았으나 최근 보완 관계 내지 시너지 효과 차원에서 두 정책의 최적 조합을 찾으려는 시도가 이루어지고 있다. 기후 변화 대응의 효과성을 높인다는 공통의 목표를 달성하기 위한 완화와 적응 수단의 통합적 협력 체계가 도시와 지역의 기후 변화 저항 능력 향상에 새로운 변수로 등장하고 있다.

4 새로운 기후 변화 적응 이슈: 재해의연금 배분의 다이내믹스

기후 변화로 인한 이상 기후와 극한 재해(extreme events)로 전 세계는 매년 몸살을 앓고 있다. 대규모 자연재해 피해를 입은 국가나 개인에게는 국내외에서 원조의 손길이 닿곤 한다. 막대한 재산 피해와 인명 피해를 야기한 자연재해로 상처받은 사람들을 위로하기 위한 재해의연금 모금 방송은 우리에게 익숙하다. 의연금 모금은 자연재해는 세계 곳곳에서 발생하며 의연금 모금 역시 우리나라에서만 이루어지는 현상이 아니다. 재해로 피해를 입은 사람들을 구호하기 위한 의연금 배분은 세계적인 관심사이기도 하다. 어떻게 하면 생활 터전을 잃고 낙심하는 재해 피해자들에게 도움을 줄 수 있을지에 대한 고민은 끊이지 않고 있다. 재해의연금이 피해 입은 사람들을 제대로 돕고 있는 것인지 또한 의연금이 피해자 부(富)의 수준에 따라 배분되어야 합당한 것인지에 대한 논의는 기후 변화 적응의 새로운 이슈로 떠오른다(Morris & Wodon, 2003; 최충익 · 임의영, 2012).

우리나라에도 매년 이 같은 재해로 극심한 피해를 입은 사람들에게 구호의 손길이 닿는다. 하지만 어렵게 모아진 의연금은 그보다 더 어려운 배분 과정을 거친다. 의연금에 대한 일반인들의 관심은 모금에 주로 쏠리는 경향을 가지며 정작 누구에게 어떻게 배분되어야 하는가에 대해서는 소홀한 경우가 많았다. 과연 재해구호 노력이 재해 피해자의 손길에 제대로 닿고 있는 것인가? 재해의연금 배분정책이 가난한 자를 우선적으로 고려하여 집행되는 것이 합당한가? 아니면, 피해를 많이 입은 사람들을 중심으로 이루어져야 하는 것이 타당한가? 모은 의연금을 어떻게 배분하는가의 문제는 어떻게 모금하는가의 문제보다 더욱 민감한 사항이기도 하다.

합리적인 의연금 배분 원칙에 따라 배분되지 않을 경우 피해자들은 재해 피해로 인한 고통에 더해 다시 한 번 정신적 고통을 겪어야 한다. 하지만, 지금까지 의연금 배분과 관련하여 비리 공무원 문책 등과 같은 이슈가 되는 사안에 대해서만 주먹구구식의 논의만 있어 왔을 뿐 구체적인 배분 원칙과 모델링에 대한 학문적 접근은 부족했던 것이 현실이다. 이에 여기에서는 재해의연금 배분에 관한 원칙과 이에 대한 모델링을 통해 두 가지 측면에서 기후 변화 적응 이슈를 다루고자 한다.

첫째, 기존에 논의되었던 재해의연금 배분 원칙에 관한 개략적인 수준에 그쳤던 논의를 '기본 원칙'과 '관리 원칙' 그리고 '배분 원칙'이라는 단계로 나누어 체계적으로 접근을 시도한다. 둘째, 모델링을 통해 개별적인 재해의연금 배분 관련 사례연구가 가지는 제약을 넘어 정책 시뮬레이션을 통해 가상 논의를 시도해 보고자 한다.

재해의연금 배분은 기본적으로 배분의 문제를 집중적으로 다루고 있는 정의이론의 영역에 포함된다. 그리고 재해라고 하는 특수성을 반영해야 하기 때문에, '위험'의 문제를 집중적으로 다루고 있는 사회이론이나 윤리이론에서 이론적인 통찰을 얻을 수 있다. 이 같은 맥락에서 정의이론, 위험사회이론, 그리고 윤리론을 배경 이론으로 하여 재해의연금의 배분과 관련된 원칙들을 구상하고자 한다. 하지만 원칙을 구상하기 위해 참조할 만한 선행 연구가 거의 없는 형편이어서, 여기에서는 다음 몇 가지 방식으로 원칙들을 구상하고자 한다.

첫째, 재해의연금의 배분과 관련해서는 가장 추상적인 수준에서 배분의 정당성이나 방향성, 그리고 성격을 기본적인 수준에서 정당화하는 '기본 원칙(basic principles)'을 구상하고자 한다. 둘째, 모금된 재해의연금은 바로 전달되는 것이 아니라 관리기관을 거쳐서 전달된다. 따라서 관리기관의 재해의연금을 관리하는 데 지켜야 할 원칙이 필요할 것으로 보인다. 재해의연금의 관리와 관련된 '관리 원칙(managerial principles)'을 구상하고자 한다. 셋째, 재해의연금의 배분에서 중요한 문제는 어떠한 기준에 따라 배분하는 것이 정의의 관념에 부합하는 것인가 하는 문제이다. 따라서 구체적인 배분 기준과 관련해서 '배분 원칙(distributive principles)'을 구상하고자 한다 (최충익 · 임의영, 2012).

재해의연금 배분 원칙에서 가장 논란의 대상이 될 수 있는 부분은 바로 형평성과 관련한 원칙이라고 볼 수 있다. 필요의 원칙은 배분 담당기관의 집행 과정에서 별다른 논란이 존재하지 않는다. 재해 발생 후 긴급구호 물자를 어려움에 처한 곳에 지급하자는 논리에는 큰 이견이 없기 때문이다. 한편, 효율의 원칙은 의연금 배분의 중요 기준이 되지만 한정된 재원으로 더 큰 효용을 얻으려는 배분 원칙에 대해서는 기본적으로 분쟁의 여지가 적다.

하지만, 형평의 제1원칙인 비례 원칙과 형평의 제2법칙에 해당하는 차등 원칙에서는 전혀 사정이 달라진다. 차등 원칙의 경우 의연금 배분 과정에서 생활 수준이나 소득 격차에 따른 지원 정도에 따라 수많은 갈등이 발생하고 있다. 비례 원칙의 경우 피해를 적게 입고도 의연금을 많이 받아가는 사례도 잦은 민원의 대상이 된다. 형평성의 비례 원칙과 차등 원칙을 배분 과정에서 모두 충족시키기란 매우 어려운 것이 현실이다. 이 같은 과정을 좀 더 구조적으로 살펴보기 위해 몇 가지 가정을 이용한 모델링을 통해 구체적으로 고찰해 보기로 하겠다.

정책결정자들의 의연금 배분 목적은 기본적으로 분배를 통해 사회복지를 극대화하는 데에 있다고 가정해 보도록 하겠다. 재해로 인해 피해를 입은 개별 가구의 복지 X의 효용함수를 $U(X)$라고 하면, 사회 전체의 피해 효용함수 W는 다음과 같이 정의될 수 있다.

$$U_i = U(X_i)$$

$$W = W(U(X_1),\ \cdots,\ U(X_N)).\ \text{단},\ i = 1,\ \cdots,\ N$$
$$\partial U / \partial X_i \text{ is equal} \qquad \text{식(1)}$$

여기서 개별 가구가 재해의연금을 받게 되면 효용이 증가하고 효용이 증가할 경우 복지 수준이 증가하게 된다고 가정한다(식(2) 참조). 또한 모든 가구의 효용함수는 동일하다고 가정한다(식(1) 참조). 개인의 의연금 배분에 따르는 효용은 증가하지만 이를 다시 미분할 경우 한계 효용은 감소하게 된다. 이를 수식으로 정리하면 다음과 같다.

$$\partial U / \partial X_i > 0 \text{ and } \partial 2U / \partial X2_i < 0 \qquad \text{식(2)}$$

한편, 개인의 복지를 나타내는 X는 결국 3개의 주요 변수로 이루어진 함수가 될 수 있는데 이에 대해 설명하면 다음과 같다. A변수는 재해 발생 이전에 개인이 가지고 있는 재산(assets)을 의미하며 L변수는 재해 발생으로 입은 피해 금액(losses)이 된다. R변수는 재해 발생으로 인해 배분 받은 의연금(relief funds)이 된다. 이를 토대로 식(3)을 설정해 보면 재해의연금 배분 원칙에 관한 몇 가지 시사점을 도출해 볼 수 있다.

1) 효율의 원칙과 형평의 제1원칙에 관한 모델링

간단한 식의 변형을 통해 재해의연금 배분의 비례의 원칙과 효율의 원칙을 살펴볼 수 있다. 비례의 원칙은 기본적으로 피해자의 피해 정도를 감안하여 재해의연금이 배분되어야 함을 의미한다. 차등의 원칙은 동일한 피해 규모를 입었더라도 피해자의 경제적 여건에 따라 배분 금액의 정도가 달라질 수 있음을 의미한다. 이 같은 의연금 배분의 경제적 부와 연계시키는 것이 바로 아래 수식이다. 재해의연금은 개인이 가지는 부의 정도와 재해로 입은 피해액에 따라서 지급받게 되며 재산이 많을수록 적게 받고 재해 피해 금액이 클수록 많아지는 경향을 갖게 된다($\partial R / \partial A_i < 0$ and $\partial R / \partial L_i > 0$).

$$R_i = R(A_i,\ L_i),\ \text{with } \partial R / \partial A_i < \text{ and } \partial R / \partial L_i > 0$$
$$X_i = X(A_i,\ L_i,\ R(A_i,\ L_i)) \qquad \text{식(3-1)}$$

$$\max_{R_i,\, i=1,\ldots,N} W(U(A_1, L_1, R_1), \ldots, U(A_N, L_N, R_N)) \quad \text{식(3-2)}$$

$$\geq \max_{R_i,\, i=1,\ldots,N} W(U(L_1, R_1), \ldots, U(L_N, R_N)) \quad \text{식(3-3)}$$

$$S \cdot T \cdot \sum_{i=1}^{N} R_i = G \quad \text{식(3-4)}$$

이때 $\partial R/\partial A_i < 0$는 형평의 제2원칙인 차등의 원칙을 의미하게 되고, $\partial R/\partial L_i > 0$는 형평의 제1원칙인 비례의 원칙을 나타낸다(식(3-1) 참조). 이 같은 논의는 효율의 원칙과도 연계되는데 자산 규모에 따라 지급 금액을 조정하여 적은 비용으로 최대의 효과를 높이는 전략과 일맥상통한다. 즉, 재산이 많은 피해자에게 주는 의연금 지급을 줄이고 재산이 적은 피해자에게 더 많은 의연금을 지급함으로써 효용을 극대화시킬 수 있음을 의미한다. 결국, 차등 원칙을 배제하고 비례 원칙만을 고려한 배분 원칙은 식(3-3)을 의미하게 되며, 이때 피해자의 재산 정도는 고려되지 않게 된다. 여기서 중요한 것은 비례 원칙만을 강조한 경우보다 재산 정도를 고려하여 배분한 식(3-2)의 효용 수준이 더 크다는 데에 있다.

여기서 G는 예산 제약이 된다. 모금된 재해의연금의 총량은 한계가 있으며, 주어진 의연금 총액을 얼마나 효용을 극대화하며 배분하는가가 의연금 배분의 핵심 의제가 된다. 결국 의연금 예산 제약 G가 소진될 때까지 의연금은 배분되며 개개인의 효용함수 U가 극대화되는 수준에서 복지 수준이 극대화되는 방향으로 배분된다. 하지만, 흥미로운 것은 민간에 의해 모금되는 총 재해의연금(G)이 공공 부문에 의한 배분 절차를 거치게 된다는 점이다(식(3-4) 참조).

2) 형평의 제2원칙에 관한 모델링

재해가 발생하게 되면 재해 피해 이후의 개인 재산은 $A_i - L_i$가 되고 의연금 배분 집행 주체는 이를 토대로 의연금을 배분하게 된다. 원칙적으로 재해의연금 배분은 기존 재산에서 손실 재산을 뺀 것만큼 지급하게 됨으로써 재해 이전의 부의 상태로 원상복귀시켜 주는 것이 가장 바람직하다고 하겠다. 그렇게 될 경우 의연금 배분액은

$R_i = R(A_i - L_i)$가 됨을 의미한다. 결국 재해의연금을 받고 난 후 재해 피해자의 효용은 $U_i = U(A_i - L_i + R_i)$으로 설명될 수 있다. 이는 기존 재산액에 피해를 입은 부분을 제외하고 재해의연금에 의한 효용 상승분을 더했을 경우를 나타낸다.

사실 피해 금액 전부를 보상해 줄 경우 피해자의 만족도는 극대화될 것이다. 하지만, 재해의연금 배분액을 개인의 재해 피해 손실액 전부를 보상할 만큼 지불할 수 없는 것이 현실임을 감안할 때 좀 더 합리적인 배분 원칙을 필요로 된다. 그렇다면 합리적인 의연금 배분액 R_i는 어떻게 산정할 수 있을까? 이에 대한 고민은 개인이 실제 받는 의연금 배분액 R과 관련하여 설명될 수 있다.

통상적으로 의연금 배분의 집행 단계에서 의연금 배분액은 예산 제약으로 인해 일정 수준의 기준을 설정할 수밖에 없게 된다. 이때 그 기준은 재해 발생 이후 정상적인 생활을 할 수 있는 최소한의 개인 효용 수준이 될 것이며, 이는 X^*로 표현하기로 한다. 결국 X^*라고 하는 것은 재해 발생으로 피해를 입은 후 의연금 배분을 받음으로 인해 얻은 개인의 효용이 된다. 결국 재해의연금 배분은 이 효용이 동일하게 되는 수준에서 의연금을 배분할 수밖에 없게 된다. 식(4)는 이 같은 내용을 보여주고 있다.

$$
\begin{aligned}
&R_i = X^* - A_i + L_i \quad \text{if } A_i - L_i < X^* \\
&R_i = 0 \qquad\qquad\qquad\ \ \text{if } A_i - L_i \geq X^* \\
&\text{with } G = \sum_{A_i - L_i = 0}^{X^*} (X^* - A_i + L_i).
\end{aligned}
\qquad \text{식(4)}
$$

이는 재해 발생 이전의 개인 재산이 많아 재해 발생으로 인한 피해 손실액의 정도가 상대적으로 미약할 경우 의연금 보상이 이루어지지 않음을 의미한다. 재산이 부유하여 입은 피해가 상대적으로 미미할 경우 의연금이 배분되지 않는 이유는 최소한의 생활을 유지할 만큼의 부를 이미 보유하고 있기 때문이다. 이 같은 접근 방식은 일반적인 복지예산 배분 과정과 유사한 모습을 지닌다. 부자에게 보조금 지급은 없으며, 가난하고 생활이 어려운 자일수록 정부의 보조금이 더 많이 지급되기 때문이다. 하지만, 재해의연금 배분의 경우는 독특한 속성을 지닌다. 실증연구 결과에 의하면, 부자이든지 가난한 자이든지 재해 피해로 인한 손실을 보상받고 싶어한다는 것이다 (Morris & Wodon, 2003; 전국재해구호협회, 2010).

사실 재해가 발생하게 되면 손실액은 대부분 부풀려지는 속성을 갖는다. 현실적으로 피해자의 재산 정도 여부와 무관하게 부자이건 가난한 자이건 모두 피해액을 키우는 속성을 가진다. 이 경우 실제 피해액에 비해 추정되는 피해액은 커지게 되어 다음과 같이 된다(식(5) 참조). 여기서 α는 실제 재해 피해로 발생한 손실액을 부풀리는 조정 인자이며 1보다 큰 값을 갖게 된다. α는 형평의 제2원칙인 차등의 원칙을 설명하는 중요한 인자로 기능한다. 기초 생활 여건이 취약한 계층에게 재해 피해는 피해 손실액 이상의 피해를 초래하기 때문이다. 동일한 피해액이라도 저소득 계층이 느끼는 체감 손실액은 고소득 계층의 그것보다 훨씬 클 수 있기 때문이다. 따라서, α 수치는 저소득계층에서 더욱 커지는 속성을 지니게 된다. 이 같은 논리는 형평의 기본원칙과도 연결될 수 있는데, 의연금 배분에서도 동일한 범주에 속하는 개인이나 집단에 대해서는 동일한 구호가 주어져야 한다는 것과 맥을 같이한다.

$$R_i = R(A_i - \alpha L_i) \text{ and } U_i = U(A_i - \alpha L_i + R_i), \text{ with } \alpha \geq 1.$$
$$R_i = X^* - A_i + \alpha L_i \quad \text{if} \quad A_i - \alpha L < X^*$$
$$R_i = 0 \quad \text{if} \quad A_i - \alpha L \geq X^*$$
$$\text{with } G = \sum_{A_i - L_i = 0}^{X^*} (X^* - A_i + \alpha L_i) \qquad \text{식(5)}$$

식(5)에 제시된 의미는 가장 가난한 계층에게 의연금 배분이 이루어져야 함을 의미하며 평균적인 최소 생활 수준을 의미하는 X^*의 결정에 따라 지급 대상이 변화하게 된다. 재산 피해를 입었어도 보유한 재산이 많아 최소 생활 수준을 영위함에 지장이 없다면 재해의연금 지급이 유보됨을 의미한다. 하지만, 현실적으로 개인의 부의 수준에 따라 재해의연금을 지불하는 것은 현실적으로 어려울 수 있다. 가난한 사람이건 부자이건 피해를 입은 사람들 모두가 의연금 지급을 받기 원하기 때문이다.

중요한 것은 의연금을 받는 사람들의 효용은 재해 발생 이전 자신들이 가지고 있던 부의 정도에 따라 영향을 받는데 의연금 배분의 기준은 최손 평균 생활 수준을 토대로 지급이 되기에 항상 불만족이 존재할 수밖에 없다는 것이다. 결국 의연금 배분은 매우 단순한 형태의 지급 방식을 취하게 되는 경향이 있는데, 이는 정액의 의연금을 일정 피해자에게 동일하게 지급하는 것이다. 이를 정리하면 다음과 같다.

$$R_i = R \quad \text{if} \quad A_i - \alpha L_i < X^*$$

$$R_i = 0 \quad \text{if} \quad A_i - \alpha L_i \geq X^*$$

이는 일정 수준의 피해에 도달한 사람에게 정액의 의연금 R을 지급하는 것을 의미하며, 일정 피해 수준에 도달하지 못할 경우 피해가 발생했다고 하더라도 의연금을 받지 못하게 된다. 이에 관한 흥미로운 실증연구가 모리스와 워든(Morris & Wodon, 2003)에 의해 이루어졌다. 연구 결과에 의하면, 아무리 부자라고 하더라도 재해 발생 이전 조사에서는 의연금 배분에 대해 받을 의지가 없었으나 실제 재해 발생 이후 조사에서는 당연히 의연금을 배분받아야 한다고 응답했다. 이는 이론적으로는 부(富)의 정도에 따라 의연금을 배분하는 것이 합당하지만 실제로는 부의 정도에 따라 의연금을 배분하는 것이 합리적이지 못할 수 있음을 의미한다고 하겠다.

3) 재해의연금 배분 원칙에 관한 쟁점 고찰

지금까지 재해의연금 배분 모델링을 통해 주요 원칙들 간 발생하는 이슈에 대해 고찰해 보았다. 이에 관한 쟁점은 크게 두 가지로 정리될 수 있다.

첫째, α(피해액 가중치)의 범위에 대한 쟁점이다. α에 대한 고려를 하지 않을 경우 신속하게 재해의연금을 배분하게 되어 효율적 배분이 될 수 있을지 모르지만 형평의 원칙(비례의 원칙, 차등의 원칙)이 무시될 수 있다. 나아가 궁극적으로는 효율적 배분의 목적도 달성되기 어렵게 된다. 의연금 배분에 따르는 개인의 효용이 극대화되지 못하기 때문이다. 일찍 지원금을 받아 당장 급한 것을 해결할 수 있을지 모르지만 결국 소득 수준을 무시한 채 배분된 결과 저소득층에게 실질적 지원이 가지 못하는 사례가 발생하기 때문이다. 이 같은 쟁점은 재해의연금 배분을 통해 부의 재분배를 이룰 것인가라는 논리와 연계될 수 있다. 이는 재해의연금의 성격을 어떻게 파악하는가에 따라 해석이 달라진다. 의연금을 일반재원의 성격으로 파악하여 국가 예산을 집행할 경우 부의 재분배라는 원칙이 적합한 원칙이 될 수 있다. 하지만, 재해 발생을 계기로 일반 국민들이 낸 성금으로 파악하고 세금의 성격으로 간주하지 않을 경우 이를 통해 부의 재분배를 달성하려는 의도는 적절하지 못하게 된다. 일본의 경우는 생활 수준과 소득 격차에서 차등을 두지 않고 있다. 우리나라의 경우도 경제적 수준에 따라 차등 지급하는 방식을 취하지 않고 있으며, 정액 지급 방식을 택하고 있다. 하지만 과연 어느 것이 적절할지 진지하게 고민해 볼 필요가 있다.

둘째, X^*(최소 생활 수준)의 결정에 관한 쟁점이다. 생활 수준이 향상됨에 따라 어느 정도가 생활 수준인가에 대한 논란이 존재할 수 있다. 재해가 발생하게 되면 이로 인해 개인의 생활 수준이 현저히 떨어지게 되는데 X^*의 범위가 개인에 따라 천차만별이기 때문이다. 특히, 이전의 경제적 생활 수준에 따라 큰 폭의 변동을 갖게 된다. 이 같은 내용은 전국재해구호협회(2007)의 설문 결과를 통해서도 확인된다. 재해의 연금 배분을 통해 지원금을 받은 피해자들의 만족도는 성금을 한 기탁자에 비해 현저히 떨어지는 것으로 나타났다. 기존 연구에 의하면, 피해자들이 느끼는 의연금에 대한 성과는 기탁자들이 생각하는 것보다 그 수준이 매우 낮은 것으로 분석된다(전국재해구호협회, 2007; 이재은 · 유현정, 2009). 이 같은 불일치 현상은 바로 비례 원칙과 차등 원칙이 제대로 지켜지지 않았기 때문으로 판단된다. 무엇보다 사회적 약자에 대한 배려가 이루어지는 사회안전 시스템이 취약한 우리나라의 경우 X^*의 결정이 경제적 수준에 따라 차등적으로 이루어질 필요가 있겠다. 물론 피해 정도와 재산 정도에 따라 일일이 재해의연금을 차등 지급하는 배분 시스템은 복잡해질 수 있으며, 배분 과정에서 분쟁의 여지가 커질 우려도 있다. 하지만, 우리 사회가 궁극적으로 나아가야 할 방향과 배분을 통해 얻을 수 있는 효용 가치가 더욱 큰 것을 감안해 볼 때 신중히 고려해 볼 수 있겠다. 각종 개인에 대한 과세 자료가 모두 전산화되어 있기에 의연금 배분 시스템을 피해 정도와 재산 정도를 연계하여 가동시키는 것이 가능할 것이다.

사실 재해의연금을 합리적으로 배분하는 문제는 모금하는 것보다 더 어려운 문제이다. 하지만 피해자를 제외한 일반인들의 관심은 배분보다 모금에 쏠려 있는 것이 현실이다. 정작 의연금 배분은 배분기관의 몫으로 남아 어떻게 합리적으로 배분해야 하는지에 대한 진지한 고민이 우리 사회에 부족했다. 더욱이 국내 다양하게 존재하는 사회복지단체들도 재해구호의 배분에 대해서는 구체적이고 명확한 배분 원칙과 결과를 가지고 있지 않다는 현실은 의연금 배분 관련 연구가 더욱 필요함을 단적으로 보여준다. 이 연구는 자료의 한계로 인해 경험적 연구가 이루어지지 못한 아쉬움이 있다. 합리적인 배분은 효과적인 모금으로 연결된다. 아직은 부족하기만한 의연금 배분 프로그램에 관한 연구가 향후 지속적으로 관심을 갖고 수행되어야 할 필요가 여기에 있다.

제 11 장 기후 변화와 지방자치단체: 위기인가 기회인가

1 지구 살리기 눈치작전

IPCC는 기후 변화 현상은 명백히 일어나고 있으며, 이것은 인간의 활동에 기인하고 있음을 보고했다(IPCC, 2007; IPCC, 2012). 세계 각국에서 기후 변화 이슈는 온난화보다 더 지구를 달아오르게 하고 있는 듯하다.

각국은 그야말로 전쟁을 방불케 하는 신경전을 벌이고 있다. 2009년 12월 7일 덴마크 코펜하겐에서 열린 UN기후변화협약 당사국 총회(COP 15) 회의에 참석하는 각국의 전략은 치열한 눈치작전을 연상시켰다. 1997년 체결된 교토의정서가 2012년에 만료되기에 이후 중장기 온실가스 감축 목표와 각국 감축량에 대한 합의를 도출하지 못하게 되면 전 세계가 낭패에 빠질 수 있기 때문에 자못 긴장감마저 감돌았다. 협상의 데드라인을 정하며 주목을 받았지만 비공식 협상 결과인 코펜하겐 합의서(Copenhagen Accord)를 제출하는 데에 그쳤다. 이는 공식적인 합의문이 아니고 대다수 개발도상국들의 반발마저 가져와 의미 있는 성과로 받아들여지지 않았다. 당초 설정했던 합의를 도출하지 못했고, 2010년 제16차 당사국 총회(COP 16)로 그 기한을 넘겨야 했다.

COP 16에서는 코펜하겐 합의문을 내용으로 하는 칸쿤 합의서(Cancun Agreement)를 공식적으로 채택했으나 여전히 주요한 쟁점 사항은 해결되지 않았다. 2011

년 개최된 제17차 당사국 총회에서는 더반 패키지(Durban Package)를 채택하여 녹색기후기금(GCF) 설치와 교토의정서의 2차 공약 기간을 정했다. 이 회의의 핵심 내용은 바로 선진국과 개도국 간 대립이 극명하게 나타났다. 선진국은 교토 체제 연장의 전제 조건으로 주요 온실가스 배출국의 의무 감축 체제에 동참할 것을 요구하면서 단일한 법적 구속력 있는 체제를 희망했다. 반면, 개도국은 '공통의 차별화된 책임'을 주장하며 선진국만의 의무 감축 연장 및 기술과 재정 지원이 전제된 개도국의 자발적 감축이라는 요구를 했다(대외경제정책연구원, 2012). 2012년 개최된 COP 18에서 교토 체제에 대한 기한을 연장하고 선진국만의 의무 감축 연장을 종료시켰으나 문제는 대다수 부속서I 국가들이 2기 불참을 선언하여 교토 체제가 약화되는 결과를 가져왔다는 것이다. 이제 국제사회는 새로운 기후 변화 대응 체제의 도입을 기다리고 있는 듯하다.

전 세계에서 가장 많은 온실가스를 내뿜고 있는 미국과 전체 배출량의 20% 이상을 차지하는 중국이 여전히 소극적인 입장을 취하고 있다. 12억 인구의 신흥공업국으로서 최근 급격히 온실가스 배출량이 늘고 있는 인도 역시 온실가스 배출 저감에 대해서는 미온적이다. 기후변화협약에서 가장 적극성을 띠고 있는 유럽 각국이 사실상 이미 고도의 개발을 이룬 국가들이라는 점을 감안하면 향후 기후변화협약이 신흥개발도상국들에는 성장의 걸림돌로 작용하게 될 가능성이 크다. 결국 이 같은 이유는 온실가스 감축정책이 국가경제 및 지역경제의 위축으로 이어질 것이라는 각국의 우려와 무관하지 않다. 기후 변화 협상 테이블에서 우리나라를 포함한 각국의 신경전이 벌어지는 이유도 이것 때문이다. 그럼에도 불구하고 논란의 여지가 없는 것은 환경적 위해성은 차치하고서라도 석유나 석탄 같은 화석연료가 향후 지속적인 에너지원으로 기능하기 어렵다는 점이다. 이 때문에 경제 성장과 환경 보존이라는 가치는 새로운 국면을 맞이하게 되었다고 볼 수 있다.

국제사회가 기후 변화 대응을 둘러싸고 숨가쁘게 돌아가듯 국내 사정도 예외일 수는 없다. 이제 기후 변화에 대한 논의를 배제하고 국가 성장을 논의할 수 없으며, 도시 및 지역의 개발을 논할 수 없는 상태에 이르렀다.

기후 변화라는 전 지구적인 현상과 함께 경제 성장이라는 국가적 목표는 환경 보호의 기치와 어울려 녹색성장이라는 신조어가 탄생하게 된 것이다. 문제는 이 같은 기후 변화와 녹색성장이라는 이슈가 구체적인 공간 단위로 투영될 경우 문제 해결을 위해 새로운 접근 방법이 필요하게 된다. 국가가 아닌 도시 및 지역 차원에서 기후 변화와 녹색성장을 대비한다는 것은 지방자치단체 입장에서 새로운 환경 변화임에 틀림이 없다. 하지만, 국가를 이루는 도시나 지역은 저마다 독특한 특성을 가지고 있기에 이를 고려하지 못한 전략이 수립될 경우 정책실패의 가능성이 높기 때문이다.

기후 변화와 녹색성장이라는 지구적 및 국가적 차원의 과제가 개별 시·도 및 시·군·구라는 지역 단위로 내려왔을 때 고려해야 할 사항이 무엇인가에 대한 진지한 고민이 필요한 시기이다. 아울러 지역 특성을 고려한 녹색성장 전략이 무엇인지 여기에서 다루어 보고자 한다.

2 기후 변화와 녹색성장의 대두

기후 변화에 대한 전 국민의 관심도 급격히 늘었다. [그림 11-1]은 2004년 이후 2013년 2월까지 구글(Google) 검색 통계를 통해 살펴본 기후 변화에 대한 관심도 변화를 보여주고 있다. 통계 수치가 의미하는 바는 구글에서 실행된 총 검색량 대비 기후 변화에 대한 검색량을 나타낸다. 2006년 이래로 꾸준히 관심이 증가하고 있으며, 특히 2008년 이명박 정부 출범 이후 녹색성장과 함께 관심도가 꾸준히 늘었고 유지되고 있음을 확인할 수 있다. 2013년 수치가 적게 나온 것은 검색 시점이 2월이었기 때문인 것으로 파악되며 12월에 검색할 경우 정상 수준으로 올라가 나타날 수 있기에 해석에 주의를 기울일 필요가 있다.

기후 변화에 대한 관심 증가는 곧 기후 변화 대응에 대한 관심으로 이어져 많은 국책기관에 의해 연구가 이루어졌다. 기후 변화에 대한 대응전략은 주로 지구온난화의 원인인 온실가스 배출을 줄임으로써 기후 변화가 더 이상 진전되는 것을 막는 완화정책(mitigation policy)과 기후 변화의 파급 효과와 영향을 파악하여 그 영향을 최소화하는 적응정책(adaptation policy)으로 나누어 실행되어 왔다. 지금까지 대부분 기후 변화에 대한 연구나 정부의 대응은 주로 온실가스의 저감에 초점이 맞추어져 적응에 대한 인식과 관심은 상대적으로 부족했던 것이 사실이다. 기후 변화에 대한 바람직한 대응이 완화정책과 적응정책이 동시에 이루어져야 함을 감안하면 균형 있는 기후 변화 대응이 필요하다. 기후 변화에 대한 지속적인 완화정책에도 불구하고

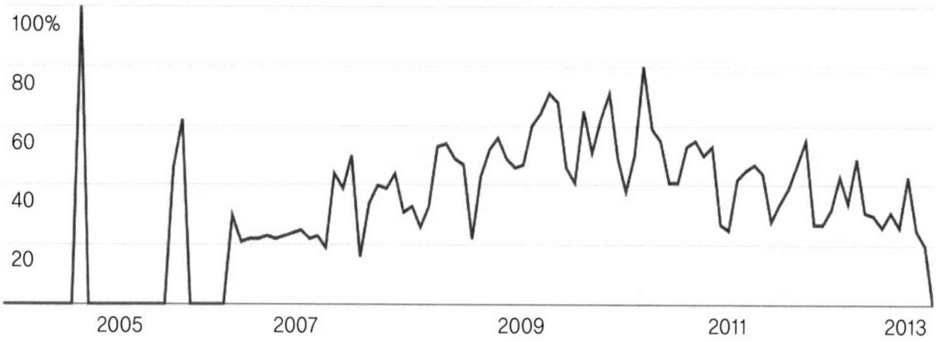

그림 11-1 기후 변화에 대한 관심도 변화(2004년 1월~2013년 2월)

자료: Google Trend.

기후 변화의 영향을 당장 감소시키기 어렵기 때문에 적응하기 위한 정책 역시 불가피하기 때문이다.

우리나라도 완화정책에 비해 미흡했던 적응정책에 대한 관심이 부족했던 것을 보완하기 위해 지난해 '기후변화 대응 종합기본계획'을 수립했다. 하지만, 구체적인 지침이나 실행계획(action plan)이 마련되지 않아 기후 변화의 일차적 당사자인 지방자치단체에 제대로 활용되지 못하고 있다. 그 때문에 기후 변화에 대한 지자체의 관심과 대응 노력은 활발해지고 있으나 체계적인 기후 변화 대응 체계가 마련되지 못하고 있는 실정이다. 기후 변화 문제에 적극적인 지방자치단체조차도 온실가스 위주로 대책을 수립하고 있어 기후 변화의 심각성 인식에 비해 적응정책에 대한 논의와 기존 연구는 여전히 미진한 상태에 있다. 특히, 해마다 막대한 자연재해로 인한 피해를 입는 지역의 경우 적응정책에 대한 비중을 높여야 할 필요성이 있다.

OECD 회원국이면서 국내총생산 규모가 세계 15위(World Bank 2012년 기준), 온실가스 배출량도 10위권임에도 불구하고 여전히 개도국의 지위를 주장하고 있는 우리나라는 차기 의무 감축국 지정 0순위라고 봐도 틀림이 없다. 기후변화협약 당사국들의 따가운 눈총을 더 이상 피할 수 없는 상황에서 온실가스 저감과 국가경제 활성화라는 과업을 동시에 이룰 수 있는 돌파구 마련이 시급한 시점에서 녹색성장의 개념이 등장했다고 볼 수 있다. 구글 검색 통계 프로그램을 통해 녹색성장에 대한 국

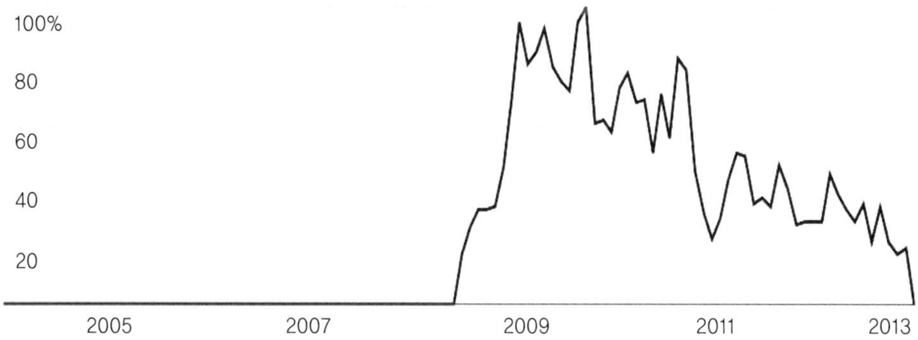

그림 11-2 녹색성장에 관한 관심도 변화(2013년 2월 현재)

자료: 구글 검색 통계.

민의 관심도를 나타낸 [그림 11-2]를 보면 이명박 정부 취임 직후부터 늘어난 관심이 2010년 하반기를 기점으로 최고조에 달해 있음을 확인할 수 있다.

결국 녹색성장은 바로 경제와 환경의 상생성에 착안하여 그 발전가능성을 극대화하려는 시도라고 볼 수 있다(김형국, 2008). 경제와 환경의 접목은 지속가능성이라는 개념을 낳게 되고, 이제 기후 변화라는 새로운 불확실성의 요소가 등장하게 되면서 녹색성장이라는 신개념이 등장하게 되었다고 볼 수 있다. 녹색성장은 이명박 정부 이후 등장한 새로운 개념이기에 지역별 전략을 수립하기 위한 방향 설정이 필요한 시기라고 볼 수 있다.

3 녹색성장의 기회와 함정

기후 변화에 대응하기 위한 국가적 노력으로 녹색성장이 등장했고, 이 같은 중앙정부의 모토는 지방에 막대한 영향을 미치고 있다. 녹색성장은 온실가스와 환경오염을 줄이는 지속 가능한 성장으로 볼 수 있다. 대개의 경우 지역 성장은 온실가스 배출 증가를 동반하는 경우가 대부분이다. 환경을 청정하게 유지하며 지역의 성장을 이룩하려는 두 마리 토끼를 잡으려는 녹색성장 전략은 개발을 원하는 대부분의 지방자치단체에 어떤 의미를 가질까.

사실 어쩌면 수도권을 제외한 모든 지역과 도시들은 온실가스를 좀 더 배출하며 굴뚝 산업이라도 유치해서 지역경제 활성화를 도모하는 전략을 선택하는 편이 오히려 합리적일 수도 있다. 예를 들어, 여타 지역에 비해 상대적으로 저개발된 지역과 산악 지형이 많은 강원도를 사례로 녹색성장이 어떤 영향을 미칠 수 있을지에 대해 고민해 보는 일은 향후 지역 발전을 도모하기 위한 여타 지방자치단체의 정책 수립에도 중요한 역할을 할 것으로 기대한다. 기후 변화 대응 그리고 녹색성장이라는 국가적 패러다임이 지방자치단체의 지역경제와 발전에 어떤 위기와 기회를 가져다 주는지 구체적인 사례를 들어 논의해 보도록 하겠다.

1) 탄소배출권

먼저, 정책적인 차원에서 기후 변화 대응에서 완화 측면을 살펴보면 강원도는 적은 온실가스를 배출하고 많은 양의 온실가스를 흡수하는 배출 특성을 가지고 있다(<표 11-1> 참조). 전국 대비 총배출량의 3%만을 차지하고 있으나 23.6%에 달하는 흡수 비중을 가지고 있기 때문이다.

표 11-1 시·도별 배출량·흡수량 비중 현황(2005년) (단위, 10Ton CO_2eq)

	총배출량	에너지	농업	폐기물	토지 이용·산림
총계	4117.2 (100.0)	4083.0 (100.0)	132.7 (100.0)	167.6 (100.0)	−266.0 (100.0)
서울	403.8 (9.8)	388.3 (9.5)	0.0 (0.0)	16.1 (9.6)	−0.6 (0.2)
부산	162.2 (3.9)	155.7 (3.8)	0.2 (0.1)	6.8 (4.1)	−0.5 (0.2)
대구	131.3 (3.2)	127.3 (3.1)	1.2 (0.9)	5.2 (3.1)	−2.4 (0.9)
인천	186.9 (4.5)	174.2 (4.3)	1.1 (0.8)	12.9 (7.7)	−1.2 (0.5)

광주	58.7 (1.4)	56.2 (1.4)	0.3 (0.2)	3.1 (1.8)	−0.9 (0.3)
대전	72.8 (1.8)	67.5 (1.7)	0.2 (0.1)	5.3 (3.1)	−0.1 (0.1)
울산	334.7 (8.1)	330.4 (8.1)	1.9 (1.4)	5.8 (3.4)	−3.4 (1.3)
경기	684.3 (16.6)	649.1 (16.9)	14.7 (11.1)	30.8 (18.4)	−10.2 (3.8)
강원	124.5 (3.0)	173.6 (4.3)	8.4 (6.4)	5.2 (3.1)	−62.8 (23.6)
충북	163.0 (4.0)	164.4 (4.0)	9.2 (6.9)	6.6 (4.0)	17.2 (6.5)
충남	282.6 (6.9)	256.5 (6.3)	17.8 (13.4)	17.3 (10.3)	−9.0 (3.4)
전북	138.3 (3.4)	131.7 (3.2)	13.2 (10.0)	4.8 (2.9)	−11.4 (4.3)
전남	662.0 (16.1)	654.4 (16.0)	20.3 (15.3)	18.5 (11.0)	−31.2 (11.7)
경북	499.3 (12.1)	531.7 (13.0)	24.3 (18.3)	11.0 (6.6)	−67.7 (25.4)
경남	197.3 (4.8)	198.1 (4.9)	18.3 (13.8)	17.5 (10.4)	−36.6 (13.7)
제주	15.4 (0.4)	23.9 (0.6)	1.7 (1.3)	0.4 (0.4)	−10.9 (4.1)

자료: 국토연구원, 기후 변화에 대응한 지속가능한 국토관리전략(I), 2008.

각 지역의 배출 특성을 살펴보면, 광주, 대전, 제주 다음으로 적은 양의 온실가스를 배출하고 있으며, 경북 다음으로 많은 양의 온실가스를 흡수하고 있다. 하지만 경북은 5천만 톤에 달하는 온실가스를 배출하고 있어 강원도의 4배에 달한다. 문제는 전국적으로 획일적인 저탄소 정책 기조를 유지할 경우 강원도의 경우 희생양이 될 수도 있다는 것이다. 지금 상태로도 충분히 적게 배출하고 많이 흡수하고 있는 여건 속에서 지속적으로 온실가스 배출 감축을 강요받는다면 강원도의 경우 자칫 산업 유치를 통한 지역경제 성장에 오히려 방해를 받을 개연성이 충분히 있다.

대체로 보면 지역 내 총생산(GRDP)이 높은 지역에서 많은 양의 온실가스가 배출되는 것을 알 수 있는데, 이는 주로 생산활동에 의해 온실가스가 배출되기 때문이다. 결국 낙후된 지역경제를 활성화시키기 위한 산업시설 입지가 제약을 받을 수밖에 없고 이는 지역 발전에 걸림돌로 작용할 수 있다. 국제사회에서 온실가스 배출 감축 전략이 국가 간 형평성을 저해할 수 있다는 논리가 지역경제에도 그대로 적용될 수 있는 것이다. 이제 막 경제 성장률을 끌어올려 과거의 침체를 깨고 산업활동을 통해 국가를 재건해 보고자 하는 신흥국가들에 온실가스 배출 감축은 가혹한 환경 변화일 수 있다. 마찬가지로 이미 충분히 성장한 수도권 및 일부 대도시지역에 비해 낙후된 강원도가 지역 발전을 위해 무언가 손을 써보기도 전에 온실가스 감축이라는 족쇄를 채워서 성장의 기회조차 갖지 못할 우려가 있다.

향후 대한민국의 허파로서 대도시에서 배출된 온실가스를 흡수해야 하는 역할만을 부여받는다면 강원도에는 커다란 위기가 될 것이다. 또한, 전국의 지자체 온실가스 배출량 인벤토리를 기초로 동일한 감축 비율을 적용하게 되면 이야기는 달라진다. 강원도가 아무리 과거에 충분히 적게 배출하고 많이 흡수했다고 하더라도 향후 온실가스 감축에 전혀 반영되지 않게 된다. 따라서 강원도는 특수성을 인정받아 비율이 아닌 절대량에 기초해서 할당량을 받을 필요가 있다. 사실 이미 상당한 지역 발전을 이룬 다른 지역에 비해 그동안 각종 규제로 성장 기회를 갖지 못한 지역을 배려하는 지역균형정책이 절실한 이유이다.

온실가스 배출 감축을 위해 국가적 차원에서 적극적으로 대처하는 것은 중요하다. 하지만 지역별로 할당되어 지자체 단위로 내려오게 되면 의미가 달라진다. 2010년부터 시범적으로 실시하게 될 총량 제한 배출권 거래제도는 이른바 'Cap and Trade'라고 불린다. 온실가스 배출 허용량(Cap)을 할당하고 이를 초과 또는 하회하는 배출량에 대해서는 탄소배출권을 사고파는 방식을 의미한다. 강원도의 경우 총량 제한을 어떻게 받느냐가 중요한 관건이다. 지역 발전을 위해 상대적으로 적은 양의 온실가스를 배출하고 있는 강원도에 여유 있는 총량을 허락한다면 여유분의 온실가스 배출량을 거래하고 이를 지역경제 성장을 위한 자원(fund)으로 활용할 수 있다. 33분의 1의 배출량에도 4분의 1의 흡수량을 보이는 강원도의 역할을 인정해서 충분한 총량으로 인정해 준다면 강원도에는 더없는 기회가 될 수 있다. 탄소 거래에 따른 수입만큼 안정적이고 확실한 수입원을 찾기 힘들기 때문이다.

2) 산림자원

구체적인 전략으로서 강원도의 핵심 지역자원인 산림자원 측면에서 강원도의 위기와 기회를 살펴보면 다음과 같다. 강원도는 국가 전체 산림 면적의 21.5%, 임목 축적량의 24.4%를 차지하고 있어 여타 지역보다 우수한 산림환경을 가졌다.

표 11-2 지역별 임야 면적과 임야 축적의 비중 (단위: 면적(ha), 축적(㎥))

행정구역	총계(임목 축적)	비중(%)	총계(산림 면적)	비중(%)
계	800,025,299	100.0	6,368,843	100.0
서울특별시	1,740,270	0.2	15,719	0.2
부산광역시	4,964,802	0.6	35,786	0.6
대구광역시	6,491,914	0.8	48,974	0.8
인천광역시	4,497,812	0.6	40,427	0.6
광주광역시	2,369,884	0.3	19,667	0.3
대전광역시	3,740,102	0.5	30,175	0.5
울산광역시	9,197,040	1.1	68,917	1.1
경기도	65,606,418	8.2	526,985	8.3
강원도	195,046,144	24.4	1,368,571	21.5
충청북도	59,895,608	7.5	495,806	7.8
충청남도	48,043,211	6.0	437,851	6.9
전라북도	56,663,630	7.1	446,516	7.0
전라남도	67,955,840	8.5	694,787	10.9
경상북도	170,386,956	21.3	1,342,798	21.1
경상남도	93,537,577	11.7	706,990	11.1
제주특별자치도	9,888,091	1.2	88,874	1.4

자료: 산림청 산림통계 2010년 기준http://www.forest.go.kr/newkfsweb/kfi/kfs/stats/

<표 11-2>는 2007년 기준 지역별 임야 면적과 임야 축적의 비중을 나타낸다. 강원도는 임야 면적과 임야 축적에서 다른 시·도에 비해 가장 높은 비중을 보여주고 있다. 산림은 온실가스 흡수의 핵심적 역할을 하며 산림 ha당 연간 탄소 흡수량이 약 2톤에 달하고 산소 배출량은 5톤에 달하는 IPCC가 인정하는 유일한 탄소 흡수원이다. 산림자원은 강원도에 남은 마지막 자원임과 동시에 그동안 각종 개발에서 소외된 결과로 해석될 수 있다. 분명한 것은 이유가 어떻든 기후 변화와 녹색성장은 강원도의 산림자원 활용에 기회 요소로 작용할 수 있다는 것이다.

결국 기후 변화를 줄이고 녹색성장을 이루기 위한 핵심은 탄소 배출량을 줄이고 흡수량을 늘리는 것인데, 산림은 이 같은 역할을 담당하는 핵심 요소이기 때문이다. 탄소 흡수량을 늘리기 위한 산림의 주요 역할은 유휴 토지 등을 조림함으로써 산림 면적의 절대치를 확대하고 임목 축적(나무의 부피)을 늘려 탄소 축적량을 증가시키는 것이다. 이를 위해 오히려 목재를 많이 사용해서 탄소를 고정시키고 화석 연료 대신 나무 연료를 사용해서 이산화탄소 발생량을 저감하는 데에 정책의 주안점을 두게 된다. 따라서, 산림자원이 풍부한 강원도는 향후 기후 변화와 녹색성장을 위한 국내 최대의 탄소 흡수지역으로 경쟁력을 확보했다고 볼 수 있다. 반면, 대도시의 경우 임목 축적을 이룰 만한 공간을 확보하기 어렵고 비용이 많이 들어가기 때문에 이를 활용하여 대도시와의 경제적 거래를 통해 부족한 재원을 충당하는 논리도 가능하다.

하지만, 탄소 흡수를 위해 무분별하게 오래된 나무를 벌목하여 조림 면적을 늘리는 일은 무모할 수 있다. 무엇보다 생태적으로 보존 가치가 높은 임목이 에너지원으로 무분별하게 벌목되어 소중한 자원이 소실될 우려가 있다. 이를 위해 산림자원의 보존과 활용을 결정하는 조사와 자료 구축이 철저히 이루어질 필요가 있다. 특히, 강원도의 경우 임목 축적 비중이 24.4%로 전국 최고의 수준이지만 최근 10년간 평균 증감률이 가장 큰 폭으로 떨어지고 있는 것으로 나타난다. 이는 산림은 많지만 새로운 조림이 제대로 이루어지지 못하고 있기 때문인 것으로 보인다. 결국, 온실가스 흡수라는 실적을 인정받기 위해서는 단순히 임야 면적이 많은 것보다 꾸준히 임목을 축적하는 것이 더욱 필요하다. 보존 가치가 낮은 산림자원에 대한 조사가 신속히 이루어져 이를 자원으로 활용하여 경제적 가치를 높인다면 강원도 지역경제를 살릴 수 있는 귀중한 재료가 될 것으로 기대된다.

3) 신재생 에너지

신재생 에너지는 석탄, 석유, 원자력, 천연가스와 같은 제한된 부존량을 가진 에너지가 아닌 고갈 우려가 없는 무한한 자연 에너지원을 이용해 만들어진 청정 에너지를 의미하며 신에너지와 재생에너지로 구분될 수 있다. 「신재생 에너지 개발 및 이용 보급 촉진법」 제2조에서는 신에너지로 수소, 연료전지, 석탄액화가스를 정하고 있으며, 재생에너지로 태양열, 태양광, 바이오 에너지, 풍력, 수력, 지열, 해양, 폐기물 등 모두 11종을 규정하고 있다. 2011년도 신재생 에너지원별 공급 비중을 보면 폐기물이 67.5%로 가장 높은 비중을 차지하고 있으며, 그 뒤를 수력과 바이오가 따르고 있다([그림 11-3] 참조).

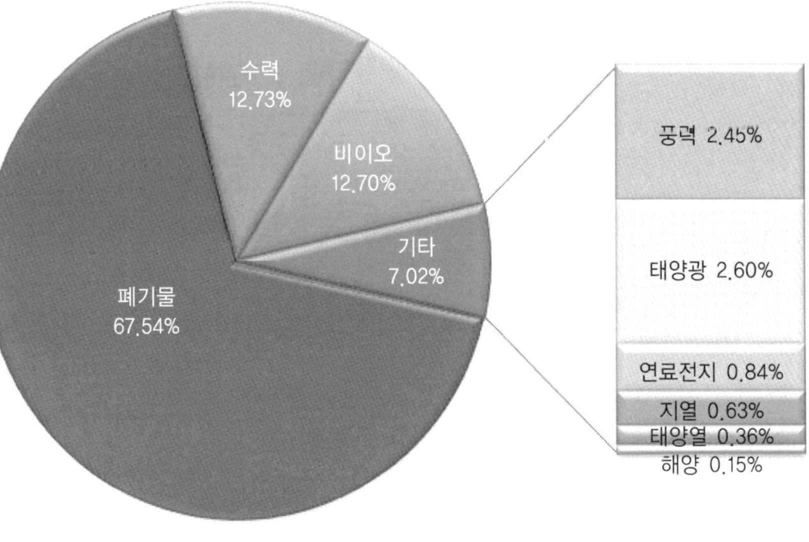

그림 11-3 2011년도 신재생 에너지원별 공급 비중

자료: 에너지관리공단 신재생에너지센터(2012).

2000년 이후 신재생 에너지 공급량 추이를 살펴봐도 폐기물에 의한 공급 상승이 가장 큰 것으로 나타난다. 하지만 대부분의 신재생 에너지 공급량 변화가 미진한 것으로 나타나며, 다만 바이오와 수력의 비중이 꾸준히 상승하는 정도이다([그림 11-4] 참조).

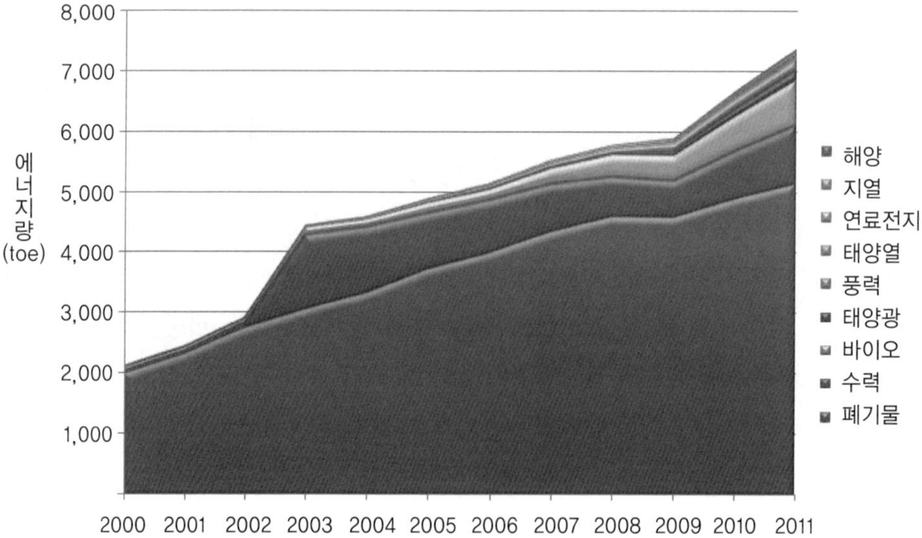

그림 11-4 연도별 신재생 에너지 공급량 추이

자료: 에너지관리공단 신재생에너지센터(2012).

국내 광역지방자치단체 가운데 신재생 에너지의 생산량이 가장 많은 곳은 전남으로 19.7%를 차지하고 있다. 그 뒤를 경기도(13.8%), 울산(7.5%), 강원도(10.5%)가 잇고 있다. 주목할 만한 것은 우리나라 대부분의 지자체가 신재생 에너지를 폐기물에 의존하고 있다는 것이다. 하지만 공교롭게도 폐기물의 경우 국제에너지기구(IEA)에서 재생 가능 에너지로 분류되지 못하기 때문에 진정한 의미의 신재생 에너지 생산량은 사실 폐기물을 제외한 나머지 부문을 살펴봐야 한다.

통계 자료는 하나이지만 각 지역이 가지는 맥락은 모두 다르며, 이를 토대로 취할 수 있는 전략도 모두 다르다. 강원도 역시 신재생 에너지 생산량은 폐기물 비중이 가장 높으며, 다음으로 높은 신재생 에너지는 수력 에너지이다. 한편, 전국적 비중으로 볼 때는 강원도의 풍력 신재생 에너지가 가장 높은 비중을 차지하고 있다. 폐기물을 제외하고 진정한 의미의 신재생 에너지 관점에서 지자체를 비교해 보면 강원도가 가장 많은 생산량을 가지고 있다. 울산의 경우는 바이오 신재생 에너지 비중이 높으며, 인천의 경우는 바이오 에너지의 비중이 폐기물 에너지를 유일하게 넘는 지자체이다.

그렇다면 이 같은 신재생 에너지 생산에서의 지역적 편차는 어떤 의미를 가지는

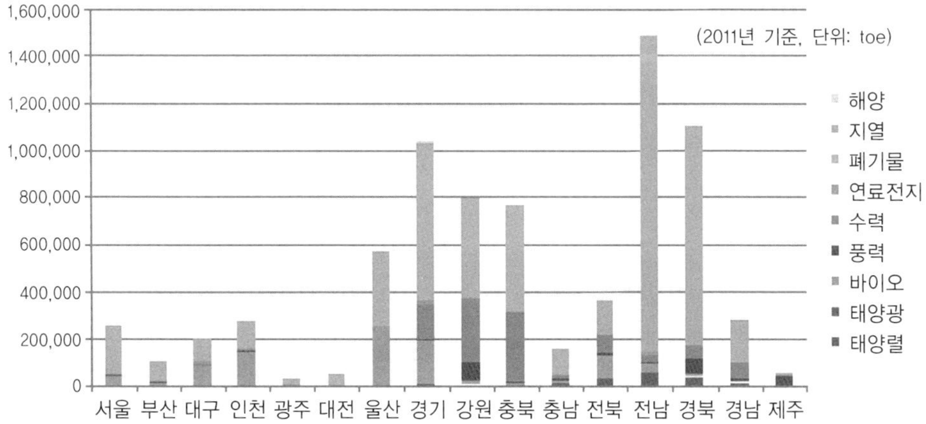

그림 11-5 지역별 신재생 에너지 생산량

자료: 에너지관리공단 신재생에너지센터(http://www.energy.or.kr).

것일까. 기후 변화에 대응하기 위해 각 도시는 어떤 전략을 취해야 하는 것일까. 신재생 에너지와 관련한 기본 여건 측면에서 강원도는 우수하다. 문제는 이것을 얼마나 강원도 지역경제와 접목시킬 수 있는가에 있다. 강원도는 전 국토의 17%를 차지하는 넓은 면적을 가졌음에도 불과 인구 비중 3.0%(2010년 인구센서스 기준), GRDP 비중 2.6%(2010년 기준)를 보이고 있어 참을 수 없는 존재의 가벼움이 느껴질 정도이다. 행정구역은 크지만 제조업이 취약하고 대부분 서비스업이 주를 이루고 있어 산업 기반이 취약하여 경제 성장이 활발하게 이루어지지 못했다. 그 때문에 강원도가 신재생 에너지에 더욱 집착할 수도 있다. 정부는 신재생에너지사업에 향후 막대한 투자를 하겠다고 선포했고 각 지방자치단체는 서로들 투자를 유치하기 위해 혈안이 되어 있다. 하지만 정작 중요한 것에 대해서는 고민이 적은 것 같다. 과연 그 사업이 지역에 도움이 될 수 있을까 하는 것이다. 정말 강원도 모든 시·군이 신재생에너지사업을 할 경우 지역경제가 활성화되고 지자체가 돈을 벌어들일 수 있을까는 신중히 검토해 볼 필요가 있다. 현재 강원도의 신재생 에너지 보급률은 7.4%(전국 평균 2.4%)로 국내 최고 수준이지만 이를 2015년까지 15%로 끌어올린다는 내용의 계획이다. 양적인 수치도 중요하지만 이 같은 양적인 내용의 계획보다 얼마나 탄소를 줄여서 얼마나 지방재정에 보탬이 될 수 있을지에 대해 현명한 계산(smart move)이 필요한 때라고 생각한다.

정부 지원금을 받는 것도 중요하지만 빈 공간을 무엇인가로 채우는 것이 놔두는 것보다 나을 것이라는 생각에 무조건 받고 보자는 논리가 작용할 수도 있다. 이는 강원도뿐만 아니라 다른 지방자치단체에도 해당될 수 있다. 신재생에너지사업 유치에도 좀 더 신중할 필요가 있다. 유럽 각국에서도 신재생에너지사업의 기술적 효과성은 인정하지만 경제적 타당성에 대해서는 회의적이기 때문이다. 당장에는 정부의 투자금으로 시설을 만들어 유치하지만 나중에 유지와 관리는 어떻게 감당할지 추후에 어떻게 처리해야 할지 고민해야 한다. 과연 그 사업이 향후 10년 후 지역의 경제에 보탬이 될지 안 될지에 대해 진지하게 고민해 볼 필요가 있다. 녹색사업에 대한 소개는 방대하다. 다양한 산업에서 저마다 저탄소 기술을 선보이며 자랑하고 있다. 하지만, 그것이 지자체에 들어와서 얼마나 지역경제에 도움을 주고 재정을 확충시킬 수 있는지에 대해서도 함께 고민해 볼 필요가 있다.

정부의 보조금은 반드시 약이 되지 않을 수도 있음을 주의할 필요가 있다. 흔히 공짜라면 양잿물도 마신다는 속담이 있다. 정부 보조금은 눈먼 돈으로 간주되어 무조건 받고 보자는 심리가 지방자치단체 공무원들 사이에 만연했던 것도 사실이다. 중앙정부의 공모사업은 지방자치단체의 예산을 동반하며 매칭 펀드로 제안되는 경우가 대부분이다. 이렇게 본다면 결국 지방자치단체가 중앙정부 공모사업을 선정받아도 자체 예산을 써야 할 수밖에 구조이다. 기후 변화 대응을 지혜롭게 하기 위한 지방자치단체의 현명한 판단과 투자가 절실한 시기이다.

4 지방자치단체의 기후 변화 적응 논의

우리나라의 기후 변화 논의는 주로 완화정책을 중심으로 이루어져 왔다. 물론 완화정책은 중앙정부 차원에서 이루어져야 효과적임을 부인할 수 없다. 하지만, 적응정책으로 넘어오면 이야기가 달라진다. 지방자치단체가 중앙정부의 완화정책에 영향력을 행사하며 주도권을 잡을 수 있는 구조가 아니기 때문이다. 하지만 기후 변화 적응은 지방자치단체가 주도적으로 할 수 있으며 또 해야 한다. 누구보다 지역 사정을 잘 알고 있으며 적응을 위한 각종의 자원 배치도 가장 효율적으로 할 수 있기 때문이다.

하지만, 공교롭게도 우리나라 지방자치단체는 중앙정부를 따라가는 습성이 있어 정부가 완화정책에 집중하면 함께 따라가는 경향을 보여 왔다.

강원도를 예를 들어 보자. 강원도의 지역특수성을 감안해 보면 강원도가 완화정책과 더불어 적응정책을 신중히 수립할 필요가 있음을 확연히 보여준다. 최근 10년간(1998~2007) 총 6조 2,849억의 자연재해 피해액을 기록하고 있으며, 이는 전국 피해액의 28.7%에 달한다. 전국 대비 일반회계 예산 비중이 2%에 불과한 강원도가 피해액 비중으로 보면 거의 30%에 달하고 있음을 알 수 있다.

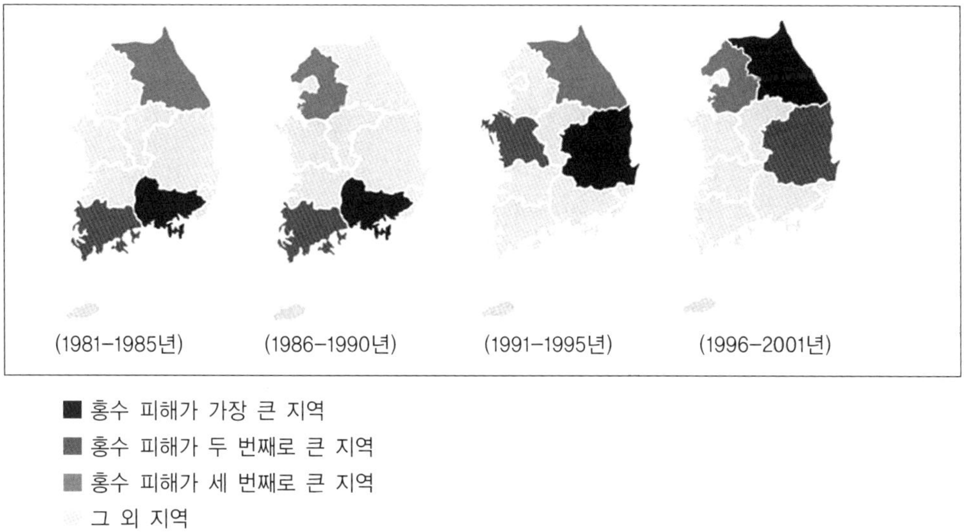

그림 11-6 과거 20년간 홍수로 인한 피해 지역 변동

자료: 홍지혜 · 황진환(2007).

특이한 것은 1980년대 경상남도와 전라남도가 가장 많은 피해를 입었으나 점차 극심 피해지역이 북쪽으로 상승하여 최근 들어 강원도가 홍수 피해에 매우 위험한 상황에 있음을 알 수 있다([그림 11-6]). 기후 변화로 인한 홍수 피해에 강원도가 취약지역으로 분류될 수 있음을 시사한다. 따라서 강원도야말로 기후 변화에 따르는 적응정책이 가장 절실한 지자체라고 해도 과언이 아니다.

그럼에도 불구하고 여전히 강원도의 기후 변화 대응정책은 탄소를 줄이는 완화정책에 초점이 맞추어져 있다. 비단 강원도뿐만 아니라 대부분 지자체가 적응정책보다는 완화정책에 초점을 맞추어 기후 변화 대응정책을 수립하고 있다. 문제는 완화만 한다고 해서 당장 기후 변화에 대한 영향이 줄어드는 것이 아니라는 것이다. 이상 기후 현상과 자연재해의 불확실성은 더욱 높아지고 있다. 2002년 태풍 루사와 2003년 태풍 매미로 인한 재산 피해액만 10조 원이 넘을 정도이다.

앞서 완화정책에 대한 현명한 선택을 위해 경제적 타당성을 검토해 볼 필요가 있다고 언급한 바 있다. 하지만 적응정책의 경우 비용과 편익을 분석하는 것이 사실상 불가능하다. 그 때문에 적응정책을 수립하면서 비용과 효과를 언급하기는 매우 제한적이라고 볼 수 있다. 채 외(Chae et al., 2006)는 적응정책이 실시될 경우 2100년에 기후 변화로 인한 피해를 11조 원 정도 감소시킬 수 있을 것으로 분석했지만 경우에 따라 바뀌는 것이 적응정책이기에 이 수치를 전적으로 신뢰하기는 어려운 것이 현실이다. 적응은 과거에 일어나지 않았던 새로운 상황에 대한 대비를 해야 하는 것을 의미한다. 적응정책은 기후 변화에 대한 피해를 나타내기 시작하는 한계점과 한계 변화 속도를 높임으로써 기후 변화로 인한 피해를 감소키게 된다([그림 11-7]).

하지만 분명한 것은 최근 기후 변화에 따라 강원도가 겪은 자연재해 피해가 극심했다는 것이다. 이는 적응정책 수립의 필요성 강도가 매우 높음을 시사한다. 사실 강

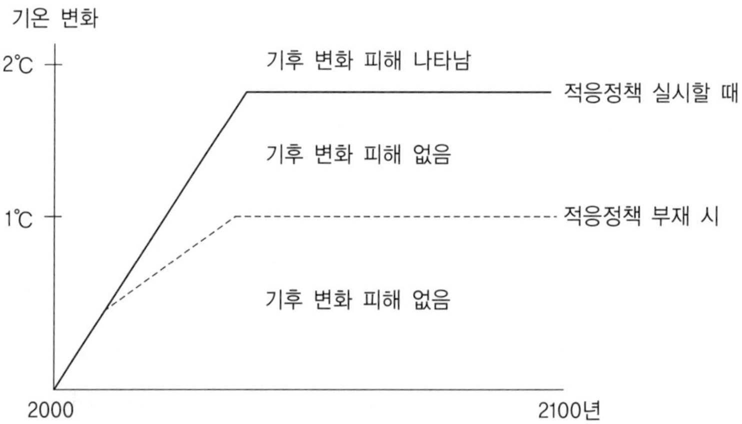

그림 11-7 기후 변화 적응정책의 유무에 따른 기후 변화 피해 정도

자료: Chae et al.(2006).

원도의 경우 저탄소 녹색성장을 핵심 내용으로 하는 완화정책보다 언제 터질지 모르는 자연재해에 대한 적응정책 수립이 더욱 절실히 요구된다 하겠다.

5 지역 특성에 기반한 기후 변화 대응

기후 변화 현상은 전 지구적이지만 기후 변화 대응은 지극히 국지적으로 나타난다. 그 때문에 도시와 지역이 가지는 특정 여건을 고려하지 않은 일반적인 전략과 정책이란 존재할 수 없다. 따라서 기후 변화에 대응하는 전략과 정책은 도시와 지역마다 차별성을 지니게 된다.

강원도는 온실가스 배출이 적은 편이며, 흡수는 다른 지역에 비해 월등히 높은 편으로 다른 시·도에 비해 유리한 환경을 갖고 있다. 일각에서는 총배출량 측면에서는 적으나 1인당 배출량 측면에서는 다른 지역에 비해 높은 것을 우려하고 있지만, 이는 강원도라는 지역 특성상 인구밀도가 적기 때문에 발생할 수밖에 없는 일반적인 패턴으로 판단된다. 밀집된 공간에서 1인당 에너지 사용량이 가장 적을 수밖에 없기 때문이다. 그 때문에, 강원도민이 온실가스 배출 저감을 위해 특별 교육을 받는다는 식의 논리는 설득력이 없다. 오히려 강원도는 적절한 산업 유치를 통한 지역경제 활성화를 도모하는 것이 더욱 현실적이고 효과적일 수 있다. 기업의 탄소 배출에 따르는 부담을 줄여주고 산업활동을 할 수 있도록 기업하기 좋은 환경을 만들어 준다면 강원도로 발길을 돌리는 기업이 많아질 것이다. 수도권에 입지하여 탄소 배출에 대한 금전적 부담이 커지게 되면 기업 입지에 대한 강원도의 경쟁력도 한껏 상승할 수 있을 것이다.

한편, 강원도의 기후 변화 대응 조직은 의욕이 과다하게 나타나 효율성을 떨어뜨릴 우려가 있다. 명백한 조직 목표가 부재한 상황에서 기후 변화 관련 부서가 난립할 경우 신속한 대응을 저해할 수 있기 때문이다. 산업경제국(기후변화대책팀), 기획관리실(녹색성장팀), 환경관광국(녹색도시팀) 등 유사한 대응 기구들이 시너지 효과를 내며 강원도의 기후 변화 대응정책을 끌어가야 할 것이다.

남북한 대치라는 특수한 상황은 강원도에 광범위한 접경지역과 군사시설을 가지게 했다. 이는 군사시설보호구역이라는 토지 이용 규제를 낳게 되었다. 한편, 강원도의 높은 지형과 산림은 강 상류지역으로서 수도권 주민들에게 깨끗한 물을 공급해야 하는 역할을 감당하게 했다. 그 때문에 상수원보호구역이라는 또 하나의 굴레를 씌웠고, 이로 인해 강도 높은 토지 이용의 규제를 받아왔던 것이 사실이다. 군 시설과 상수원 구역이라는 두 가지 제약 조건은 적어도 강원도의 발전에서 긍정적인 역할을 했다고 보기 힘들다. 그럼에도 불구하고 거기에 따르는 지역 발전의 대가를 거의 받지 못했다는 피해 의식이 도민들에게 자리 잡고 있다.

지방자치단체는 기후 변화와 녹색성장이라는 새로운 미래 환경 변화에 창조적으로 대응할 필요가 있다. 기후 변화는 어떤 지방자치단체에는 기회가 될 수도 있고 또 어떤 지방자치단체에는 위기가 될 수도 있다. 과거 정부가 농업보조금을 통해 농민들에게 익숙하지 않은 농업시설을 강요하고 결국 감당하기 힘든 빚더미에 매몰시킨 사례가 있다. 기후 변화 대응과 녹색성장이라는 기치를 걸고 신재생 에너지 공급이라는 미명하에 전국의 각급 지자체들이 신재생 에너지에 사활을 걸고 있다. 신재생 에너지는 환경에 부담을 적게 주며 에너지를 생산 및 공급하는 친환경적 시스템으로 그 자체가 결코 나쁜 효과를 낳지 않는다. 하지만, 준비되지 않은 채 무분별하게 지어진 신재생 에너지 시설 공급이 결국 나중에 관리 소홀과 경제성 부족에 따른 만성적인 운영 적자로 이어져 지역경제에 오히려 부담으로 안기는 사태는 막아야 할 것이다. 모쪼록 전국의 지방자치단체들과 중앙정부가 기후 변화와 녹색성장이라는 새로운 테마에 잘 적응하여 침체된 지역경제를 살릴 수 있는 새로운 성장 동력을 마련하게 되기를 간절히 바랄 뿐이다.

참고 문헌

국내 문헌

강원도(2009). 그린존 기본 구상.

강원발전연구원(2009). 강원도 저탄소 녹색도시 실현을 위한 도시계획 방안.

고재경(2011). 기후변화 완화와 적응정책 통합 방안 연구, 경기개발연구원.

고재경·김지현(2011). 지방공무원들은 기후변화 적응정책의 필요성을 인식하고 있는가?, 「도시행정학보」, 24(3): 51-72.

고재경·최충익·김희선(2008). 「지방자치단체의 기후 변화 적응에 관한 연구」, 경기개발연구원.

______(2010). 지방자치단체 기후 변화 적응정책의 특성 연구, 「한국지역개발학회지」, 23(1): 67-86.

국립환경과학원(2012). 기후친화적 안전사회 모형개발을 위한 기초연구.

국토연구원(2008). 기후변화에 대응한 지속 가능한 국토관리전략: 지역별 온실가스 인벤토리 구축 및 지역특성 분석.

국토해양부(2008). 기후변화 대응 국토공간계획 평가 및 과제.

______(2009). 연안 실태에 관한 기초조사.

기상청(2011). 지역기후 변화정보 어떻게 활용해야 하나?: 기후변화 적응정책 수립에 대한 제언 중심.

김경동(1997). 「일본사회의 재해관리」. 서울대학교출판부.

김다은·정용·박무종·윤재영·김상단·최민하(2011). 기후 변화를 고려한 수자원 분야의 취약성 분석, 「한국습지학회」, 13(1): 25-33.

김동욱·정준화(2011). 기후변화에 대응한 정부조직 설계, 「한국행정논집」, 23(1): 295-318.

김병식·권현한·김형수(2011). 기후 변화가 가뭄 위험성에 미치는 영향 평가, 「한국습지학회」, 13(1): 1-11.

김용건 (1999). 기후변화협약 온실가스배출권 거래제도 연구, 한국환경정책평가연구원.
김인 (2005). 「세계도시론」, 법문사.
김주진 (2007). 한국과 일본의 기후변화정책, 「ECO」, 11(1): 7-42.
김형국 (2008). 녹색성장이 디딤돌인 지속가능 발전, 「강원대 포럼 자료집」.
남정호 외 (2009). 기후변화 대응을 위한 연안지역 레질리언스(resilience) 강화 방안, 한국해양수산개발원.
대외경제정책연구원 (2012). 신기후 변화 체제하에서 한국의 대응전략: 새로운 감축-지원 통합 메커니즘의 모색.
동양사학회 (2000). 「역사와 도시」, 서울대학교출판부.
명수정(2012). 기후 변화 적응과 사회기반시설의 취약성평가, 2012 CFSS 적기포럼 적응분과.
명수정 외 (2009). 기후변화 적응 강화를 위한 사회기반시설의 취약성 분석 및 대응방안 연구 I. 한국환경정책·평가연구원(원자료는 CReSIS Haskell Indian Nations University).
백령행정학회 동계학술 세미나 자료집 (2009). 녹색성장과 농산촌 발전전략 모색.
서명석·이정림·강전호·이동규·안명환 (2005). 동아시아지역에서 식생의 계절 변화와 기후 요소와의 관계, 「한국기상학회지」, 41(4): 557-570.
소방방재청 (2007). 「재해연보 2007」.
______ (2008). 「재해연보 2008」.
신상범 (2010). 배출권 거래제도를 통해 본 지구 기후변화 정치: 중국을 중심으로, 고려대학교 아세아문제연구소.
에너지경제연구원 (2012). 에너지 소비에 대한 기온 변화의 영향 분석.
에너지관리공단 신재생에너지센터 (2012), 2011년 신재생에너지 보급 통계.
오진규 (1996). 기후변화협약의 진행 과정과 정책대응, 「자원·환경경제연구」, 5(1): 305-322.
유가영·김인애 (2008). 「기후변화 취약성 평가지표의 개발 및 도입 방안」, 한국환경정책평가연구원.
유상희·임동순 (2008). EU의 기후변화협약 대응정책 평가 및 시사점, 「한국유럽학회지」, 26(1): 251-277
육근형·최희정·정지호·장정인 (2008). 연안 완충공간의 보전 및 관리에 관한 연구: 해안림과 해안사구를 중심으로, 한국해양수산개발원.
윤경준·김정해·조성한·이혜영 (2010). 기후변화정책 조정 체계의 대안 모색: 정책조정 체계의 국가 간 비교를 중심으로, 「한국행정학보」, 44(2): 169-191.
윤순진 (2002). 국제 기후 변화 정책의 정치경제학적 이해: 기후시장의 형성과 자연의 자본과 전략, 「한국정책학회지」, 11(1) 1-26.
______ (2007). 영국과 독일의 기후변화 정책, 「*ECO*」, 11(1): 43-95.
______ (2009). 저탄소 녹색성장의 이념적 기초와 실재, 「*ECO*」, 13(1).
이승범·신경섭·조영순·손승희 (2003). 식물계절에 나타난 한반도 기후 변화 영향, 「한국기상학회지」, 13(1): 468-471.
이정전 (2008). 「우리는 행복한가」, 한길.
이준규 · 김문철 (2010). 기후변화협약에 따른 탄소배출권의 회계 처리에 관한 연구, 「한회계저널」, 19(5): 1-31.
정대일 · 제리 스테딘져 · 성장현 · 김영오 (2008). 기후 변화를 고려한 홍수 위험도 평가, 「대한토목학회지」, 28(1): 55-64.
정회성 (2009). 「전환기의 환경과 문명」, 도서출판 지모.
조경엽 · 김영덕 (2009). 「기후변화: 재앙인가, 기회인가?」, 한국경제연구원.
조광우 외 (2004). 기후변화 적응 방안 연구, 「해양환경안전학회지」, 10(2): 81-88.
조성택 · 한부영 (2010). 기후 변화에 대응한 정부 간 역할 분담에 관한 연구, 「한독사회과학논총」, 20(4): 35-63.
최충익 (2008). 「도시화와 자연재해」, 부연사.
______ (2009). 지방자치단체의 안전관리계획 활용성 분석," 「국토계획」, 44(3): 7-23.
______ (2011). 지방자치단체 기후변화 적응정책의 의사결정 과정과 함의, 「한국행정학보」, 45(1): 257-274.
최충익 · 강보영(2012), 기후변화 연구에 관한 사회연결망 분석과 함의, 「한국지역개발학회지」, 24(5): 1-20
최충익 · 임월시 · 이숙희 · 김준형 (2012). 연안도시 기후 변화 적응을 위한 법제도적 고찰, 「도시행정학보」, 25(1): 325-346.
최충익 · 임의영 (2012), 재해의연금 배분 원칙과 모델링, 「한국행정학보」, 46(2): 315-333.
페르낭 브로델(Fernand Braudel) (1986). 「물질문명과 자본주의 I, II」, 까치.
피터 홀(Peter Hall) (2000). 「내일의 도시(원제: *Cities of Tomorrow*), 한울.
한국개발연구원(KDI) (2012). 더반회의, 기후 변화에 대한 국제공조의 한계와 가능성, *KDI FOCUS*.
한국방재협회 (2008). 풍수해저감 종합계획 수립.
한국정책학회 (2011). 효율적 국토환경 관리 방안 마련을 위한 연구.
한국해양수산개발원 (2009). 기후변화 대응을 위한 연안지역 레질리언스 강화 방안.
______ (2012). 연안의 기후변화 대응 능력 평가 및 제고 방안 연구.
한국환경정책평가연구원(KEI) (2010). 기후 변화 적응 강화를 위한 사회기반시설의 취약성분석 및 대응 방안 연구 II.
______ (2011). 국가 해수면 상승 사회경제적 영향평가 I.
______ (2012). 기후변화 적응정보 통합 지원 체계 구축에 관한 연구.
한화진 외 (2007). 기후변화 영향평가 및 적응 시스템 구축 III, KEI 연구보고서.
해양환경관리공단 (2010). 기후변화 적응형 연안도시 구축 가이드라인 개발.
홍지혜 · 황진환 (2007). 홍수 피해에 따른 지역적 취약성 변화 분석, 「환경정책평가연구」, 5(4).

환경부 (2010). 국가 기후 변화 적응대책(2011~2015).
______(2011). 생태경관보전지역 지정 현황, 환경부 홈페이지(2011-07-19 접속).
황인창 (2008). 기후변화 대응전략에 따른 이산화탄소 배출량 변화 요인 분석, 「ECO」, 12(2): 153-184.

국외 문헌

Adger, Neil W., Lorenzoni, Irene & O'Brien, L. Karen (2009). *Adapting to Climate Change: Thresholds, Values, Government*, Cambridge University Press, UK.
AGO(Australian Greenhouse Office, 2007). Climate Change Adaptation Actions for Local Government.
Agrawala, Shardul & Frankhauser, Samuel (2008). Economic Aspects of Adaptation to Climate Change: Costs, Benefits and Policy Instruments, OECD.
Alexander, D. (2002). *Principles of Emergency Planning and Management*, Oxford University Press.
American Water Works Association (2009). *Climate Change and Water: International Perspectives on Mitigation and Adaptation*, IWA Publishing: London, UK.
Anderson, Will (2009). *Homes for a Changing Climate: Adapting Our Homes and Communities to Cope with the Climate of the 21st Century*, Green Books: Dartington Tones, Devon.
Arnell, N. W., van Vuuren, D. P., & Isaac, M. (2011). The implications of climate policy for the impacts of climate change on global water resources, *Global Environmental Change*, 21: 592-603.
Baade, A. R., Baumann, R., & Matheson, V. (2007). Estimating the Economic Impact of Natural and Social Disasters, with an Application to Hurricane Katrina, *Urban Studies*, 44(11): 2061-2076.
Barns, J. A. (1954). Class and Communities in a Norwegian Island Parish, *Human Relations*, 7: 39-58.
Barrett, Scott (2011), *From Brussels to Durban: Debt and Climate Crises Spotlight Free Riders*, Yale Global.
Bicknell, Jane, Dodman, David, & Satterthwaite, David (2009), *Adapting Cities to Climate Change: Understanding and Addressing the Development Challenges*, Earthscan: London.
Biesbroek, G. R., Swart, J. R., & van der Knaap, Wim G. M. (2009). The

Mitigation-Adaptation Dichotomy and the Role of Spatial Planning, *Habitat International*, 33(3): 230-237.

Bizikova, Livia, Robinson, John, & Cohen, Stewart (2007). Linking Climate Change and Sustainable Development at the Local Level, *Climate Policy*, 7(4): 271-277.

Blakely J. E. (2007). Urban Planning for Climate Change, Lincoln Institute of Land Policy Working Paper.

Brewer, F. & Rapporteur, J. (2009). New Directions in Climate Change: Vulnerability, Impacts, & Adaptation Assessment, National Research Council, Washington D. C.

BSU(Behoerde fuer Stadtentwicklung und Umwelt) (2006). Ausschnitt aus dem Bauprogramm Hochwasserschutz der Freien und Hansestadt Hamburg.

Burroughs, W. J. (2009). *Climate Change: A Multidisciplinary Approach,* Second Edition, Cambridge University Press, UK.

Burton, I. (1996). The growth of adaptation capacity: practice and policy, *Adapting to climate change: an international perspective* Smith, J., Bhatti, N., Menzhulin, G., Benioff, R., Budyko, M. I., Campos, M., Jallow, B., & Rijsberman, F. (eds.). Springer-Verlag, New York, NY, USA.

Carmerer, C. & Weber, M. (1992). Recent developments in modelling preferences: Uncertainty and ambiguity, *Journal of Risk and Uncertainty,* 5: 325-370.

CCC (2009). Committee on Climate Change Corportate Plan 2009-12.

Chae, Y., Bae, S. Y., & Kim, J. E. (2006). *Estimating Climate Change Damage Using PAGE model*, Korea Environment Institue.

Cheong, Somin (2008). Controlling the Coast, *Ocean & Coastal Management*, 51: 391-396.

CIESIN (2006). *A Synthetic Assessment of the Global Distribution of Vulnerability to Climate Change from the IPCC Perspective that Reflects Exposure and Adaptive Capacity*, New York: Columbia University Press.

Cohen, C. & Werker, E. D. (2008). The Political Economy of Natural Disasters, *Journal of Conflict Resolution,* 52(6): 795-819.

Crowley, T. J. & North, G. R. (1988), Abrupt climate change and extinction events in Earth history, *Science*, 240, 996-1002.

Cutter, Susan, Mitchell, Jerry T., & Scott, Michael S. (2000). Revealing the Vulnerability of People and Place: A case Study of Georgetown County, South Carolina, *Annals of the Association of American Geographers*, 90(4): 713-737.

Dang, Hanh H., Michaelowa, Axel, & Tuna, Dao D. (2003). Synergy of Adaptation and Mitigation Strategies in the Context of Sustainable Development: the Case of

Vietnam, *Climate Policy*, 3(1): 81-96.

Davoudi, Simin, Crawford, Jenny, & Mehmood, Abid (2009). *Planning for Climate Change: Strategies for Mitigation and Adaptation for Spatial Planners*, London: Earthscan.

DCC(Department of Climate Change) (2009). *Climate Change Risks to Australia's Coast: A First Pass National Assessment*, Australian Government.

DETR (2000). *Climate Change: The UK Programme*. HM Stationery Office, London.

DEWR(Department of the Environment and Water Resources) (2007). *Climate Change Adaptation Actions for Local Government*, Australian Government.

Downning, E. T. & Dow, Kirstin (2009). 지도로 보는 기후 변화(원제: *The Atlas of Climate Change Mapping the World's Greatest Challenge*, Earthscan, UK, 2006). 최영은 · 권원태 옮김, 시그마프레스.

ESCAP(2010). Asia Pacific Disater Report 2010-Protecting Development Gains.

ESCAP & UNISDR (2012). *Reducing Vulnerability and Exposure to Disasters.*

Fay, Marianne., Rachel, Block I., & Ebinger, Jane (2009). *Adapting to Climate Change in Eastern Europe and Central Asia*, The World Bank: Washington D. C.

Friedman, L. Thomas (2006). *Hot, Flat, and Crowded: Why We Need a Green Revolution-and How it Can Renew America*, PICADOR: New York.

Germanwatch (2006). *Global Climate Risk Index 2006.*

______ (2011). *Global Climate Risk Index 2012.*

______ (2012). *Global Climate Risk Index 2013.*

Giddens, Anthony (2009). *The Politics of Climate Change*. John Wiley & Sons Inc, Cambridge, USA.

Girouard, Mark (2009). 도시와 인간(원제: *Cities and People*), 책과함께.

Goklany, M. I. (2007). Integrated Strategies to Reduce Vulnerability and Advance Adaptation, Mitigation, and Sustainable Development, *Mitigation and Adaptation Strategies for Global Change*, 12(5): 755-786.

Grasso, Marco (2010). *Justice in Funding Adaptation under the International Climate Change Regime*, London: Springer.

Gupta, R. & Gregg, M. (2011). Adapting UK suburban neighborhoods and dwellings for a changing climate, *Advances in Building Energy Research*, 5(1): 81-108.

Hamin, M. Elisabeth. & Gurran, Nicole (2009). Urban form and climate change: Balancing adaptation and mitigation in the U. S. and Australia, *Habitate International*, 33: 238-245.

Helm, Dieter & Cameron, Hepburn (2009). *The Economics and Politics of Climate*

Change, New York: Oxford University Press.

Henstra, Dan & McBean, Gordon (2005). Canadian Disaster Management Policy: Moving toward a Paradigm Shift, *Canadian Public Policy-Analyse De Politiques,* 31(3): 303-318.

Hoegh-Guldberg, O. (1999). Climate change, coral bleaching and the future of the world's coral reefs, *Mar. Freshwater Res.*, 50: 839-866.

Hofstede, J. (2008). *Kuestenschutz in Schleswig-Holstein. Ministerium für Landwirtschaft*, Umwelt und laendliche Raeume des Landes Schleswig-Holstein.

Hosti, O. (1969). *Content analysis for the social sciences and humanities*, Reading, MA: Addison Wesley.

Hulme, Mike & Neufeldt, Henry (2010). *Making Climate Change Work for Us: European Perspectives on Adaptation and Mitigation Strategies*, Cambridge University Press, UK.

ICLEI (2007). *Preparing for Climate Change: A Guidebook for Local, Regional, and State Governments.*

______ (2008). *Cities for Climate Protection Australia Adaptation Initiative, Department of Climate Change*, Australian Government.

Immendorf, R. (1997). *Hochwasser: Natur im Ueberfluss,* Heidelberg.

IPCC (1996). *Climate Change 1995: The Science of Climate Change*, Cambridge: Cambridge University Press, UK.

______ (2001). *Climate Change 2001: Impacts, Adaptation, and Vulnerability. Third Assessment Report*, Cambridge: Cambridge University Press, UK.

______ (2007a). Climate Change 2007: The Physical Science Basis. Contribution of Working Group I to the Fourth Assessment, Report of the Intergovermental Panel on Climate Change, Solomon, S., D. Qin, M. Manning, Z. Chen, M. Marquis, K. B. Averyt, M. Tignor & H. L. Miller (eds.), Cambridge: Cambrige University Press, United Kingdom and New York, NY, USA.

______ (2007b). Climate change 2007: Impacts, Adaptation and Vulnerability. Contribution of Working Group II to the Fourth Assessment Report of the Intergovernmental Panel on Climate change, M. L. Parry, O. F Caziani, J. P. Palutikof, P. J. van der Linden & C. E. Hanson(eds), Cambridge University Press, UK.

______ (2012). *Special Report on Managing the Risks of Extreme Events and Disasters to Advance Climate Change Adaptation.*

Klein, R. J. T., Huq, S., Denton, F., Downing, T. E., Richels, R. G., Robinson, J. B., & Toth, F. L. (2007). Inter-Relationships between Adaptation and Mitigation,

Climate change 2007: Impacts, Adaptation and Vulnerability Contribution of Working group II to the Fourth Assessment Report of the Intergovernmental Panel on Climate Change, M. L Parry, O. F. Canziani, J. P. Palutikof, O. J. van der Linden & C. E. Hanson(eds.), UK: Cambridge University Press.

Klein, R. J. T. & Tol, R. S. J. (1997). *Adaptation to Climate Change: Options and Technologies, An Overview Paper*. Technical Paper FCCC/TP/1997/3, United Nations Framework Convention on Climate Change Secretariat, Bonn, Germany.

Knight, F. H. (1921). *Risk, uncertainty and profit*, Boston: Houghton Mifflin USA.

Leary, Neil, Adejuwon, James, Barros, Vicente, Burton, Ian, Kulkarni, Jyoti, & Lasco, Rodel (2009). *Climate Change and Adaptation*, London: Earthscan.

McEvoy, E., Lindley, S., & Handley, J. (2006). Adaptation and Mitigation in Urban Areas: Synergies and Conflicts, *Municipal Engineer*, 159(4): 185-191.

MEEDDAT (2007). Le Grenelle Environnement: Summary Report on Round Table Discussions.

Morgan, M. G. & Henrion, M. (1990). *Uncertainty: A guide to dealing with uncertainty in risk and policy analysis*. Cambridge: Cambridge University Press, UK.

Morris, S. & Wodon, Q. (2003). The allocation of natural disaster relief funds: Hurricane Mitch in Honduras. *World Development*, 31(7): 1279-1289.

National Institute for Disaster Prevention (2003). *A Study on the Flood Impact on the Regional Economy*.

Nordhaus, William D. (2009). Economic Issues in Designing a Global Agreement on Global Warming, Keynote Address for Conference on Climate Change: Global Risk, Challenge, and Decisions.

Norman, Barbara (2008). Principles for an intergovernmental agreement for coastal planning and climate change in Australia, *Habitat International*, 30: 1-7.

OECD (2006). *Progress on Adaptation to Climate Change in Developed Countries: An Analysis of Broad Trends*.

______ (2008). *Economic Aspects of Adaptation to Climate Change*, OECD Publications.

Pasche, E. & Nehlsen, E. (2009). *Regenwassermanagement und Hochwasserschutz im Zeichen des Klimawandels*.

Pelling, M., Ozerdem, A., & Barakat, S. (2002), The macro-economic impact of disasters, *Progress in Development Studies*, 2(4): 283-305.

Pelton, N. (2010). *Coastal Policies of Australian State and Territory Governments: Summary of Interstate Coastal Policy*, South Australian Government, Department for Environment and Heritage.

Peters, G. P., Minx, J. C., Weber, C. L., & Edenhofer, O. (2011). Growth in Emission Transfers Via International Trade from 1990 to 2008, *Proceedings of Academic Society*, 198(21).

Peters, R. L. & Darling, J. D. S. (1985). The Greenhouse Effect and Nature Reserves, *BioScience,* 35(11): 707-717.

Pollock, P. (2009). *Elevate 09: Climate Change & The New Frontiers of Urban Development*, Lincoln Institute of Land Policy.

Raman, Vijaya Venkata et al. (2012). A review of climate change, mitigation and adaptation, *Renewable and Sustainable Energy Rviews,* 16: 878-897.

Rechtern, J. (2003). *Standsicherheitsnachweise für Deichbauten. Grundbauingenieure* Steinfeld und Partner GbR, Hamburg.

Roaf, Sue & Crichton, David (2009). *Fergus Nicol, Adapting Buildings and Cities for Climate Change: A 21st Century Survival Guide*, Oxford: Architectural Press, UK.

Scott, W. (1955). Reliability of content analysis: The case of nominal scale coding, *Public Opinion Quarterly,* 17: 321-325.

Singapore Government (2008). *Singapore's National Climate Change Strategy.*

SOPAC & UNEP (2005). *Environmental Vulnerability Index.*

Stern, Nicholas (2008). *The Economics of Climate Change: The Stern Review*, Cambridge University Press, UK.

Swiss Re (2006). *Sigma: Natural catastrophes and man-made disasters 2005.*

Tol, Richard S. J. (2005). Adaptation and mitigation: trade-offs in substance and methods, *Environmental Science & Policy,* 8, ELSEVIER.

Tversky, A. & Kahneman, D. (1992), Advances in prospect theory: Cumulative representation of uncertainty, *Journal of Risk and Uncertainty,* 5: 297-323.

UKCIP (2003). Climate change and local communities, *COSLA.*

______ (2007). Climate Adaptation: Risk, Uncertainty and Decision-Making, *UKCIP Technical Report.*

______ (2008). A Local Climate Impacts Profile: Summary Report of Ongoing Case Studies, UK Climate Impacts Programme.

UN (2004). *Guidelines for Reducing Flood Losses.*

UNDP (2004a). *Adaptation Policy Frameworks for Climate Change: Developing Strategies, Policies and Measures*, Cambridge University Press.

______ (2004b), *Reducing Disaster Risk: A Challenge for Development.*

UNISDR (2012). *Making Cities Resilient Report 2012.*

Van Aslst, K. M., Cannon T., & Burton, I.(2008). Community Level Adaptation to Climate Change: The Potential Role of Participatory Community Risk Assessment, *Global Environment Change*, 18: 165-179.

Vernberg, F. J. & Vernberg, W. B. (2001). The *Coastal Zone: Past, Present, and Future*, Columbia SC, University of South Carolina Press.

Wilbanks, J. T., Leiby, P., Perlack, R., Ensminger, T., & Wright, S. (2007). Toward an Integrated Analysis of Mitigation and Adaptation: Some Preliminary Findings, *Mitigation and Adaptation Strategies for Global Change,* 12: 713-725.

Williams, Kimberlyn, Ewe, C. K., Stumpf, P. R., Putz, E. F., & Workman, W. T. (1999). *Sea-level rise and coastal forest retreat on the west coast of Florida*, USA.

Wilson, Elizabeth (2006). Adapting to Climate Change at the Local Level: The Spatial Planning Response, *Local Environment,* 11(6): 609 - 625.

Wimmer, D. Roger & Dominick, R. (1994). *Mass Media Research: an Introduction*, California: Wadsworth Publishing Company.

World Bank (2013). *Planning, Connecting and Financing Cities-Now, the World Bank,* Washington, DC.

Wu, Joshua Su-Ya (2009). Toward a Model of International Environmental Action: A Case of Japan's Environmental Conversion and Participation in the Climate Change Regime, *Review of Policy Research*, 26(3): 267-287.

Yale University (2012). Environmental Performance Index 2012.

Yohe, Gary & Tol, Richard S. J. (2002). Indicator for Social and Economic Coping Capacity- Moving Toward a Working Definition of Adaptative Capacity, *Global Environmental Change*, 12(1): 25-40.

찾아보기

ㅇ

ㅈ

저자 소개

최충익

한양대학교 공과대학 도시공학과(공학사)
서울대학교 환경대학원(도시계획학 석사)
서울대학교 환경대학원(도시계획학 박사)
미국 사우스캐롤라이나 대학교 도시재해센터(HVRI) 연구원
미국 캘리포니아 주립대학교(Cal Poly Pomona) 교환교수
미국 Southern California Association of Governments 자문위원
대한국토・도시계획학회 이사
한국지방정부학회, 한국지적정보학회, 한국거버넌스학회 편집위원
입법고시, 7・9급 공무원 시험문제 출제 및 선정 위원
국방부, 국토교통부, 보건복지부 성과평가 및 자문위원
현재, 강원대학교 행정학과 부교수

[저서 및 논문]

「사막의 아나키스트」(2006, 달팽이출판)
「성장관리의 이론과 실제」(2006, 동서문화사)
「도시화와 자연재해」(2008, 부연사)
Dynamic Climate Change Adaptation in Nomadic Lifestyle and its Implications (*Journal of Environmental Policy*, 2013)
Inexorable rise of ger in Mongolian: demolition for redevelopment or conservation for improvement?(*International Review of Public Administration*, 2012)
Development and application of a methodology for vulnerability assessment of climate change in coastal cities(*Ocean & Cosatal Management*, 2011)
Does Urbanization Indeed Increase Urban Disaster Damages? Lessons from the experiences of Gyeonggi Province, South Korea(*Journal of Environmental Policy*, 2010)
Greenhouse Gas Emission Characteristics of Local Governments and its Implications in Climate Change policy: the case of Gyeonggi-Do(*Journal of Korea Planners Association*, 2010) 외 다수

기후 변화 다이내믹스:

기후 변화 도시 대응의 시·공간적 역동성

펴낸날 / 제1판 제1쇄 2013년 8월 10일
지은이 / 최충익
펴낸이 / 임춘환
펴낸곳 / 도서출판 대영문화사
주소 / 서울 용산구 청파동 1가 178-2 ㊐ 140-869
등록 / 1975년 12월 26일 제3-16호
전화 / (02)716-3883, (02)714-3062
FAX / (02)703-3839
홈페이지 / http://www.dymbook.co.kr

ISBN 978-89-7644-453-0

〔값 15,000원〕